BASTEI
LÜBBE

Über den Autor:

Dr. Stephen Juan ist mit seinen unterhaltsamen Büchern über die Kuriositäten des menschlichen Körpers – und Geistes – berühmt geworden. Als Wissenschaftler, Lehrer, Autor und Wissenschaftsjournalist hat er sich die Verbindung von wissenschaftlicher Information und Unterhaltung auf die Fahnen geschrieben – »Denn nichts ist so spannend, lehrreich und lustig wie der Mensch«.

Vor kurzem ist bei Bastei Lübbe Taschenbücher sein Buch *Schmetterlinge im Bauch und andere anatomische Wunder* (Band 60502) erschienen.

Dr. Stephen Juan

ALBERT EINSTEIN ODER DIE PUTZKOLONNE IM KOPF

Aus dem Englischen von
Ulla Schuler

BASTEI LÜBBE

BASTEI LÜBBE TASCHENBUCH
Band 60508

1. Auflage: Oktober 2002

Deutsche Erstveröffentlichung

Bastei Lübbe Taschenbücher ist ein Imprint
der Verlagsgruppe Lübbe

Die Originalausgabe erschien 1998 unter dem Titel
The Odd Brain bei HarperCollins*Publishers* Pty Limited,
Australien

Umschlaggestaltung: Gisela Kullowatz
Titelbild: ZEFA
Satz: Textverarbeitung Garbe, Köln
Druck und Verarbeitung: Elsnerdruck, Berlin
Printed in Germany
ISBN 3-404-60508-X

Sie finden uns im Internet unter
http://www.luebbe.de

Der Preis dieses Bandes versteht sich einschließlich
der gesetzlichen Mehrwertsteuer.

INHALTSVERZEICHNIS

EINFÜHRUNG

Das Gehirn ist das reinste Wunder!

Sind Sie sich jemals bewusst geworden, wie fantastisch das menschliche Gehirn tatsächlich ist? Jeder Gedanke, jede Reaktion, jede Handlung ist an dieses unglaubliche Organ gebunden. Uns ist unser Gehirn selbstverständlich, doch ohne dieses Organ könnten wir uns über seine Selbstverständlichkeit gar keine Gedanken machen. Es wäre uns nämlich nicht bewusst.

Die Weltgesundheitsorganisation (WHO) hat die letzten zehn Jahre des 20. Jahrhunderts zur Dekade des Gehirns erklärt. Das war die richtige Wahl zum richtigen Zeitpunkt; denn in den 1990er-Jahren haben wir sehr viele neue Erkenntnisse über das Gehirn des Menschen gewonnen, über seine Funktion als Denkorgan und über seine Beziehungen zum übrigen Organismus. Tatsächlich haben wir in den letzten gut zehn Jahren mehr über das Gehirn gelernt als in allen vergangenen Jahrhunderten zusammen. Und unser Wissen nimmt immer schneller zu. Hinsichtlich der Erkenntnisse über das Gehirn leben wir also in einer großartigen Zeit. Fast jede Woche lesen wir etwas über einen neuen aufregenden Durchbruch in der Hirnforschung. Schon wieder konnte ein neues Teilchen in das große Puzzle eingefügt werden. Wieder wird das Gesamtbild ein wenig deutlicher. Mehr als in jeder anderen Phase der Geschichte wissen wir nicht nur mehr über das Gehirn als Struktur, sondern auch darüber, wie diese Struktur funktioniert – und wo es haken könnte, wenn bestimmte Funktionen gestört sind.

Manchmal ist die Arbeitsweise des Gehirns gestört. Organische und psychiatrische Probleme können auftreten, wenn das

Gehirn falsch »tickt« – wenn es nicht richtig funktioniert und dies zu unverständlichem Verhalten führt. Es ist schlicht so, dass ein Mensch anormal reagiert, wenn sein Gehirn anormal reagiert. Verhaltensweisen, die dadurch entstehen, dass das Gehirn ungezielt feuert, können ebenso merkwürdig sein, wie sie sich verheerend auswirken – auf ein Individuum selbst wie auf seine Umgebung. Die meisten Menschen sind (zumindest annähernd) normal. Die Variationsbreite in den menschlichen Gesellschaften ist so groß, dass niemand eigentlich typisch ist. Es ist faszinierend, so genannte Anormale zu beobachten, jene Menschen, die von uns gesellschaftlichen Randgruppen zugerechnet werden. Und wenn wir beherzigen, dass jedes menschliche Wesen unsere Achtung, Toleranz, Liebe und Mitmenschlichkeit wert ist, müssen wir unseren misstrauischen Blick auf die nicht Normalen korrigieren und uns immer wieder sagen: »Auch sie sind Kinder Gottes …«

Es ist eine lohnende Aufgabe, verbreitete Irrtümer über das Gehirn richtig zu stellen. Manchmal lässt sich nicht nachvollziehen, dass das Gehirn bei ganz alltäglichen Zuständen oder Verhaltensweisen im Spiel ist. So haben zum Beispiel die meisten Menschen, vielleicht auch Sie, schon einmal ein Déjà-vu-Erlebnis gehabt. Aber haben Sie sich auch dafür interessiert, was dabei in Ihrem Gehirn abläuft?

Bedauerlicherweise hat es Jahrhunderte lang soziale Ungerechtigkeit gegeben, die Generationen von Menschen Tausenden und Abertausenden ihrer Mitmenschen angetan haben. Wir werfen anderen moralisches Versagen vor, wenn sie sich antisozial verhalten. Denken Sie bloß an die Kleptomanie. Noch immer verurteilen viele Leute Kleptomanen und denken, der einzig richtige Platz für sie wäre das Gefängnis. Doch wenn diese Menschen wüssten, warum jemand zwanghaft stiehlt, würden sie vielleicht nicht mehr dessen Verurteilung und Bestrafung fordern. Wissenschaftlich ist inzwischen nachgewiesen, dass Kleptomanie vielfältige Ursachen haben kann. Und eine der Ursachen kann organischer Natur sein – nämlich mit dem Gehirn selbst zusammenhängen. Es ist mehr eine Frage der Biochemie des Gehirns als ein Mangel an Moral. In diesem Fall wäre die Diebin oder der Dieb nicht schuldig. Und Logik und Gerechtigkeit gebieten, Kleptomanen nicht zu bestrafen, sondern ihnen eine Therapie anzubieten.

Mit den Fortschritten in der Hirnforschung werden merkwürdige, ungewöhnliche und manchmal sonderbare Dinge entdeckt. Auch die kommenden Jahre werden uns neue Wahrheiten über das Gehirn eröffnen. Das menschliche Verhalten ist kompliziert. Stets sind zahlreiche Faktoren beteiligt, wenn man es zu erklären versucht. Bleibt zu hoffen, dass es gelingt, die tatsächlichen Zusammenhänge zwischen Gehirn, Verstand, Körper und Gesellschaft zu klären – und dass wir zu einem tieferen Verständnis dessen gelangen, was Menschsein bedeutet.

Um Sie, meine geschätzten Leserinnen und Leser, zu erfreuen und zu bilden, will ich Ihnen im Folgenden einiges nahe bringen, was wir über die Hirnforschung wissen.

Das Gehirn ist so wunderbar! Ich hoffe, dass Sie auch dieses Buch wunderbar finden werden.

I

DAS ANTISEPTISCHE GEHIRN: DIE KLEINEN PUTZTEUFEL DES GEHIRNS ODER – WAS GESCHAH EIGENTLICH MIT EINSTEINS GEHIRN?

Neben allen anderen merkwürdigen Eigenschaften ist das Gehirn des Menschen auch noch das »sauberste« von allen Organen. Wenn wir es mit der Haut, unserem größten Organ, vergleichen, könnte man in der Tat behaupten, das Gehirn sei antiseptisch. Sauber, gepflegt, stark und fit wie ein Athlet bewahrt das Gehirn sein beständig hohes Leistungsniveau, indem es sich selbst »reinigt«. Es sorgt dafür, dass es nicht von der geringsten Verunreinigung kontaminiert und damit funktionsuntüchtig gemacht werden kann.

Am größten ist das Gehirn im frühen Erwachsenenalter, es verfügt dann über annähernd 100 Milliarden Neuronen (Gehirnzellen). Die meisten Wissenschaftler sind sich einig, dass uns täglich zwischen 10 000 und 100 000 dieser Neuronen abhanden kommen. Wenn solche Gehirnzellen durch Alter, Krankheit oder eine Verletzung absterben, werden sie rasch durch die so genannten Gliazellen, die sie umgeben, geschluckt und verdaut. Diese Spezialisten stellen gewissermaßen das tüchtige Putzgeschwader unseres Gehirns dar. Übrigens reinigen die Gliazellen nicht nur das Gehirn, sondern sie pflegen es auch, indem sie die gesunden Nervenzellen mit Nahrung versorgen.

Dieser Reinigungsvorgang trägt dazu bei, dass das Gehirn mit seinen über 100 Milliarden Neuronen mehr als 100 Milliarden Einzelinformationen speichern kann. Das ist 500-mal mehr als der Inhalt einer großen Enzyklopädie. Die Gliazellen könnten außerdem mit dafür verantwortlich sein, dass das Gehirn noch 37 Stunden nach dem Tod elektrische Impulse feuert.

Seit 1985 vertreten die Forscher Maria Diamond und Arnold Scheibel die Auffassung, dass das Gehirn umso »reiner« und funktionstüchtiger und wahrscheinlich auch mit umso größerer Intelligenz begabt ist, je mehr Gliazellen pro Neuron vorhanden sind.

Sie begründen ihre Theorie mit Untersuchungen an zwölf menschlichen Gehirnen, darunter das Gehirn eines der größten Wissenschaftler, die je gelebt haben – Albert Einstein.

Albert Einstein (1879–1955) war vielleicht der klügste wissenschaftliche Kopf aller Zeiten. Nachdem er 1955 in Princeton, New Jersey, an einem Herzinfarkt gestorben war, entnahm der Pathologe Dr. Thomas Harvey, der am Princeton Hospital die Autopsie durchführte, Einsteins Gehirn, um es für künftige wissenschaftliche Untersuchungen zu retten.

Als Harvey von Princeton an die Universität von Kansas in Wichita wechselte und später nach Weston, Missouri, umzog, nahm er das Gehirn mit. Zunächst bewahrte er es vermutlich in seinem Kühlschrank auf. Nachdem er das Gehirn seziert und die einzelnen Teile etikettiert hatte, legte er diese in Glasgefäße und konservierte sie mit Formalin. Die Gläser bewahrte er in einer Kiste auf, in der früher Apfelsaftflaschen verschifft worden waren.

1979, fast dreißig Jahre nach der Autopsie, meldete sich Maria Diamond bei Dr. Harvey und bat ihn um eine genügend große Gewebeprobe von Einsteins Gehirn zu Forschungszwecken. Nach zahlreichen Verzögerungen gelangten die Proben schließlich 1982 zu ihr. Die Gehirnschnitte waren für die Untersuchung bereit – unbeschädigt und in Kunststofffolie versiegelt, um Verunreinigungen zu vermeiden.

Diamond und Scheibel veröffentlichten ihre Hypothese über den Zusammenhang zwischen Gliazellfunktion und Intelligenz 1985 in einem Zeitschriftenbeitrag mit dem Titel: »Das Gehirn eines Wissenschaftlers: Albert Einstein«.

Sie zählten die Gliazellen pro Neuron in Einsteins Gehirn und verglichen das Ergebnis mit der Auszählung von elf anderen Gehirnen männlicher Erwachsener von mutmaßlich durchschnittlicher Intelligenz. Diamond und Scheibel fanden heraus, dass Einsteins Gehirn in einem bestimmten Bereich der linken Hemisphäre (Hirnhälfte) 73 Prozent mehr Gliazellen pro Neuron enthielt als die anderen untersuchten Gehirne. Daraus zogen die beiden Forscher den Schluss, dass dies für Einsteins hohe Intelligenz mitverantwortlich sein könnte.

Doch die Kritik ließ nicht auf sich warten. Die meisten Kritiker urteilten, Diamond und Scheibel hätten sich geirrt, indem sie voreilig verallgemeinernde Schlüsse über den Zusammenhang zwischen Gliazellen und Intelligenz gezogen hätten. Die Kollegen wiesen darauf hin, dass die Wissenschaft noch keinerlei Kausalzusammenhang zwischen Intelligenz und der Menge oder Qualität von Neuronen nachgewiesen habe. Andere argumentierten, dass man aus nur zwölf untersuchten Gehirnen keine sicheren Schlüsse ziehen könne. Schließlich ist die menschliche Vielfalt in den meisten anderen Bereichen höchst bemerkenswert, und warum sollte das nicht auch für das Verhältnis Gliazellen zu Neuronen gelten? Wieder andere behaupteten, dass ein solcher Unterschied zwischen Menschen bedeutungslos sei – dass sich Einsteins größere Zahl von Gliazellen nicht stärker auf seine Intelligenz ausgewirkt habe als die Form seines Bauchnabels.

Die Kritiker befanden, es spreche einiges dafür, dass es für das alternde Gehirn schwieriger wird, sich »rein« zu halten, und deswegen die Zahl der Gliazellen mit zunehmendem Alter größer wird. Da Einstein bei seinem Tod 76 Jahre alt war, sei, so die Kritiker, die Zahl seiner Gliazellen auf jeden Fall hoch gewesen. Die schärfste Kritik aber wertete die ganze Angelegenheit als »geschmacklos« und »vulgär«. Manche forderten, man solle Einsteins Gehirn in Ruhe lassen.

Im Verlauf dieses Streits stellte sich heraus, dass die Familie Einstein niemals die Erlaubnis erteilt hatte, Einsteins Gehirn zu entnehmen, aufzubewahren oder zu untersuchen. Dies war nicht nur für Diamond und Scheibel sehr peinlich, sondern auch für Dr. Harvey.

Auf Wunsch der Familie hat Harvey angeboten, seriösen Forschern weitere Proben von Einsteins Gehirngewebe zur Verfügung zu stellen. Einsteins Gehirnzellen könnten auch heute noch der Förderung wissenschaftlicher Erkenntnis dienen.

Natürlich gibt die Funktion der Gliazellen der »Gehirnwäsche« eine neue Bedeutung. Und ironischerweise lernen wir auch heute noch, mehr als 40 Jahre nach seinem Tod, von Einstein.

Einstein und die Telepathie

Albert Einstein war davon überzeugt, dass es eine echte mentale Telepathie gibt. Er erarbeitete sogar eine mathematische Formel zur quantitativen Bestimmung mentaler Telepathie. Er behauptete, dass die Intensität telepathischer Signale mit zunehmender Entfernung zwischen Sender und Empfänger schwächer wird. Genau dies geschieht mit Rundfunk- und Fernsehwellen.

Vier Lappen in jeder Gehirnhälfte

Die vier Lappen (Lobi) jeder Gehirnhälfte – Lobus frontalis, temporalis, parietalis und occipitalis (das heißt der Stirnlappen, Schläfenlappen, Scheitellappen und Hinterhauptlappen) – sind nach den darüber liegenden Schädelknochen benannt.

Die Farbe des Gehirns

Umgangssprachlich wird die Farbe des Gehirns als grau bezeichnet (die kleinen grauen Zellen). Dies ist die so genannte »graue Substanz«; sie konzentriert sich im Wesentlichen auf die Hirnrinde und bildet das Schaltwerk. Viele, die zum ersten Mal ein Gehirn sehen, finden jedoch, dass es gar nicht grau ist. Manche beschreiben die Farbe als eher bläulich, hellbraun, rosa oder sogar grünlich. Davon zu unterscheiden ist die weiße Substanz, die sich im Inneren befindet und am geöffneten Schädel von außen nicht sichtbar ist. Die weiße Substanz bildet das Leitwerk.

Im Rückenmark sind Schaltwerk und Leitwerk genau umgekehrt angeordnet: Die Grauen Zellen befinden sich im Inneren und sind von der weißen Substanz umhüllt.

Die Textur des Gehirns

Wie fühlt sich ein Gehirn an, wenn man es berührt? Manche beschreiben es als fest, andere als schwammig. Beides ist zutreffend. In der Jugend ist das menschliche Gehirn eher fest. Dagegen kann es im Alter schwammig werden. Manche Krankheiten, wie z.B. die Creutzfeldt-Jakob-Krankheit *(spongiforme Enzephalopathie)*, können zu einer Auflockerung der Gehirnstruktur führen. Der Begriff »spongiform« besagt, dass das Gehirn praktisch in eine Art Schwamm verwandelt wird.

Das Gehirn des Menschen – Fakten, nichts als Fakten

Das Gehirn eines Menschen misst im Durchschnitt 20 cm in der Länge, 20 cm in der Breite und 15 cm in der Tiefe. Bei der Geburt wiegt es etwa 350 Gramm. Das maximale Gehirngewicht wird im frühen Erwachsenenalter (16 bis 20 Jahre) erreicht: Das Gehirn einer Frau wiegt dann zwischen 1 200 und 1 300 Gramm, das eines Mannes zwischen 1 300 und 1 400 Gramm. Diese Zahlen sind unterschiedlich, weil Frauen einen leichteren Körperbau haben als Männer. Das

Gehirngewicht lässt übrigens keine Schlüsse auf die Intelligenz zu! Im Erwachsenenalter enthält das Gehirn ungefähr 100 Milliarden Neuronen sowie Stützgewebe in Form von Gliazellen. Im Alter zwischen 20 und 60 Jahren gehen uns jährlich ein bis drei Gramm Gehirngewebe verloren. Anscheinend nimmt die Rate des Verlusts von Neuronen im Laufe des Lebens zu.

Wie viele Neuronen büßen wir tatsächlich jeden Tag ein?

In den vergangenen Jahrzehnten hieß es, dass wir täglich bis zu 100 000 Neuronen verlieren. Diese hohen Schätzungen über Verluste an Gehirnzellen wurden inzwischen als »eines der größten modernen Märchen der menschlichen Neurobiologie« entlarvt. Zwar verliert das Gehirn täglich einige Zellen, aber doch nicht 100 000 pro Tag. Jedenfalls ist es unmöglich, die Menge der Neuronen genau zu zählen. Neuronen können nur gezählt werden, indem man Schnitte von Hirngewebe mikroskopisch untersucht. Allerdings ist es allein technisch geradezu unmöglich, die Menge an Neuronen zu zählen, ohne Zellen zu übersehen. Zudem bewirken auch die Chemikalien, die zum Konservieren von Hirngewebe für die histologische Untersuchung verwendet werden, dass das Gewebe schrumpft: Die genaue Zahl an Neuronen ist also nicht zu ermitteln.

Die Plastizität des Gehirns

Durch Reize aus der Außenwelt entwickeln sich die Verbindungen innerhalb des Gehirns rasch, insbesondere während der ersten drei Lebensjahre. Die guten oder schlechten Erfahrungen eines Kleinkinds beeinflussen die Verkabelung des Gehirns und die Verbindungen innerhalb des Nervensystems. Beispielsweise tragen wir, wenn wir mit einem Baby schmusen, in leisem, rhythmischem Singsang mit ihm sprechen, zur Entwicklung seines Gehirns bei.

Woher wissen wir das? Untersuchungen an einem der »stressempfindlichen« Systeme des Körpers belegen, wie äußere Einflüsse die Entwicklung des kindlichen Gehirns formen. Insbesondere wird ein stressempfindliches System aktiviert, wenn Kinder einem körperlichen oder seelischen Trauma ausgesetzt sind. Die Aktivierung des Nebennierensystems erzeugt ein Steroidhormon, das Kortisol. Hohe Kortisolkonzentrationen führen zum Tod von Gehirnzellen und in bestimmten Bezirken des Gehirns zur Abnahme der Verschaltungen zwischen den Zellen. Wurde bei Erwachsenen das Nebennierensystem chronisch oder einmal heftig aktiviert, dann schrumpfte jene Gehirnregion, die für Lernen und Gedächtnis zuständig ist. Offensichtlich besteht eine Beziehung zwischen körperlichen oder seelischen Traumata und späteren Lernbehinderungen bzw. Entwicklungsverzögerungen.

Die Natur hat uns die Fähigkeit geschenkt, die ungünstigen Auswirkungen der Stresssysteme auf das Gehirn zu mildern – nämlich die starke Bindung zwischen Kindern und Eltern oder anderen Bezugspersonen. Die Untersuchung der Kortisolkonzentrationen im Speichel von Kindern zeigt, dass jene Kinder, die eine warmherzige und fürsorgliche Betreuung erfahren, Stressreaktionen schneller und wirkungsvoller abschalten können. Der Kortisolspiegel im Gehirn von Babys mit starker emotionaler Bindung an die Betreuer lag deutlich niedriger.

Positive Erfahrungen und liebevolle Zuwendung können einem Kind den Weg in die Zukunft erleichtern, während schlechte Erfahrungen und mangelnde Fürsorge das Gegenteil bewirken. Emotional vernachlässigte oder sehr früh aufgegebene Kinder haben nicht nur ein höheres Risiko, Lernschwierigkeiten zu bekommen, sondern es fällt ihnen auch schwerer, Mitgefühl, Anhänglichkeit, Gefühle ganz allgemein, zu empfinden und zu äußern. Ein Übermaß an Kortisol im Gehirn bedeutet auch eingeschränkte kognitive Fähigkeiten sowie Schwierigkeiten, auf Stresssituationen angemessen oder produktiv zu reagieren. Gesunde Beziehungen während der frühen Entwicklungsjahre helfen uns, den Rahmen für Interaktionen mit unseren Mitmenschen im späteren Leben zu schaffen.

Wie entwickeln sich positives Lebensgefühl und Vertrauen? Zunächst einmal braucht das Kind Zuwendung bereits vor der Geburt, sodann eine herzliche, liebevolle emotionale Bindung an die Erwachsenen und die anderen Kinder in der Familie sowie von Geburt an altersgemäße Stimulation.

II

ASPERGER-SYNDROM ODER AUTISTISCHE PSYCHOPATHIE: DIE PLAGE DER GEFÜHLLOSEN

Wir beschäftigen uns in diesem Kapitel mit Menschen, die nicht empfinden können.

Regelmäßig und brutal prügelte der 21-jährige John seine »Freundin«, die 71-jährige Betty, die mit ihm im gleichen Haus wohnte. Die Nachbarn des Pärchens in einer Vorstadt von London beschwerten sich immer wieder über Bettys Schreie. Schließlich wurde John von der Polizei in eine Nervenklinik überführt. Bei der Untersuchung gab er bereitwillig und ohne Scham die Körperverletzungen zu. Ganz offenkundig begriff John nicht, dass seine Gewalttätigkeit für Betty wirklich schmerzhaft war.

Die Ursache dafür ist, dass John krank ist; er leidet an einem Asperger-Syndrom. Die Krankheit wurde nach Hans Asperger benannt, einem Wiener Kinderpsychiater, der sie erstmals beschrieb (und der die Jugendbewegung der Nationalsozialis-ten erforschte). Die betroffenen Patienten sind außerstande, Mitgefühl zu empfinden – sie sind gänzlich unfähig zu fühlen oder sich vorzustellen, dass andere Menschen Gefühle haben.

Johns Krankengeschichte ist ein Klassiker der psychiatrischen Fachliteratur – eine wahre Horrorgeschichte. Wir lernen in John ein erbarmungswürdiges und zutiefst gestörtes Individuum kennen. Seine Beziehung zu der 50 Jahre älteren Betty, auch sie ein gequältes Geschöpf, ist ebenso traurig wie brutal.

Die Aufzeichnungen von Johns Psychiater Dr. Simon Baron-Cohen sind aufschlussreich:

Aufnahmebefund: *Als 21-Jähriger wurde John von seinem Vater zur Kinderabteilung des Maudsley Hospital in London gebracht, um zu klären, ob sein Sohn in der Vergangenheit oder derzeit autistisch sein könnte. Er beschrieb die aktuellen Probleme seines Sohnes wie folgt: (1) Kommunikationsstörungen; (2) Anpassungsschwierigkeiten bei Veränderungen; (3) zwanghaftes Interesse an seinem Kauorgan; (4) Gewalttätigkeit gegenüber einer bestimmten alten Dame und (5) allge-*

meine Unfähigkeit, sich einer Gemeinschaft anzupassen. Die Obsession mit seinem Kiefer und die Gewalttätigkeit waren erst neuerdings aufgetreten; die anderen Probleme bestanden schon lange. Die Gewalttätigkeit hatte zur Einweisung in die Erwachsenenpsychiatrie geführt, wo man nichts mit dem Jungen anfangen konnte.

Entwicklungsanamnese: *Schwangerschaft und Geburt verliefen normal. Als Kleinkind zeigte John sich nicht zuwendungsbedürftig. Als er drei Jahre alt war, schlug er mit den Händen um sich. Seine Sprache war in den ersten Jahren unauffällig, allerdings hatte er immer (und hat weiterhin) Schwierigkeiten mit spontanen sprachlichen Äußerungen. Dagegen fiel ihm das Lernen von Wortmaterial, z.B. Wörterlisten, ungewöhnlich leicht. In dieser Hinsicht, so sein Vater, sei der Sohn stets geradezu zwanghaft gewesen: Als Kind habe er immer die »Top 40« auswendig gewusst und ebenso auch Details über Autos herunterbeten können – etwa Motorleistung, Typeneigenschaften usw. Johns Vater sprach von »erstaunlichem Wissen«. John kannte auch die Sendefrequenzen jeder Rundfunkstation und die Sendezeiten aller Programme in den einzelnen Sendern. Seinem Vater zufolge war John seit jeher außerstande zu erkennen, was andere Menschen empfinden. Als kleiner Junge zeigte er keine Neigung zum Spielen und mochte auch keine Puzzles. Er war immer kontaktscheu, las gern und mochte monotone Aktivitäten. Seine Bewegungen waren immer schlecht koordiniert. Im Alter von elf weinte und schrie er, sobald er sich über Änderungen der gewohnten Routine erregte. Manchmal masturbierte er in der Öffentlichkeit. John durchlief die Regelschule ohne Schwierigkeiten, er schaffte die mittlere Reife. Dass sein Sohn in Französisch und Deutsch gut abgeschnitten hatte, wertete der Vater als »Papageienkram«, das passe zu Johns Fähigkeit, umfangreiche Listen auswendig zu behalten. Seine Beziehungen zu Mitschülern waren immer problematisch. John machte kein Abitur, obwohl seine Lehrer es ihm zutrauten.*

Prägende Ereignisse und Familienanamnese: *Johns Vater ist beruflich erfolgreich. Er hat vier Söhne, John ist der dritte. Von der Mut-*

ter, sie war Sprachlehrerin, heißt es, sie habe immer gefürchtet, ihre Familie zu kränken. Sie war depressiv und nahm sich das Leben, als John elf Jahre alt war. Offenbar sah John die Mutter tot und soll damals auf ihren Tod nicht heftig reagiert haben. Er selbst beschreibt seine Gefühle über den Tod der Mutter als »beunruhigend«. Seither hat John sehr oft geträumt, dass seine Mutter noch lebt.

Als John 15 war, heiratete sein Vater erneut. Nach Aussage des Vaters hasste die Stiefmutter John, der regelmäßig ihre Sachen kaputtmachte und von zu Hause weglief. Mit 16 versuchte er, aus dem Fenster zu springen. Mit 17 wurde er nach einem Diebstahl festgenommen und in ein Untersuchungsgefängnis für Jugendliche überstellt. Danach zog er zu einer Schwester seines Vaters und begann eine Ausbildung in einem Pflanzenzuchtbetrieb. Als der Vater zu Besuch kam, demolierte er dessen Auto und Motorrad mit einem Hammer. Mit 19 kam er in eine Besserungsanstalt, wo er dadurch auffiel, dass er ständig in irgendwelche Spiegel starrte und Exkremente an die Wände schmierte. Dann lebte er wieder bei seiner Tante, zog aber bald zu Betty, einer 71-jährigen Bekannten seiner Tante, die er als seine Freundin bezeichnete. Während der vier Jahre ihres Zusammenlebens griff er sie häufig an, was zwei Einweisungen in die örtliche Psychiatrie zur Folge hatte, wo er sich auch derzeit befindet. Kürzlich sagte er, er glaube, dass er wie ein Werwolf aussieht; möglicherweise besteht hier ein Zusammenhang mit seiner Obsession hinsichtlich des Kiefers.

Baron-Cohen hält es für möglich, dass viele Kriminelle in Wirklichkeit an einem Asperger-Syndrom leiden. Nach seiner Auffassung sind diese Menschen nicht absichtlich antisozial, sondern ihr Gehirn »tickt« einfach falsch. Deshalb sollten sie nicht als Delinquenten, die aus kriminellen Motiven Verbrechen begingen, ins Gefängnis gesperrt, sondern als psychiatrische Patienten klassifiziert werden. Tatsächlich sollten wir Asperger-Kranke wie Kleptomanen und Pyromanen betrachten: Personen, die kriminell handeln, aber ohne böse Absichten:

»Nicht wenige Leute, die wegen Gewalttätigkeit in Sicherheitsverwahrung landen, leiden womöglich an einem Asperger-Syndrom. Es wäre sicher der Mühe wert zu untersuchen, wie häufig derartige Fälle in Gefängnissen und Sicherheitseinrichtungen vorkommen.«

Abgesehen davon, dass sie Liebe weder geben noch empfangen können, sind Asperger-Patienten kaum oder gar nicht in der Lage, Freundschaften zu schließen.

Die sozialen Interaktionen von Menschen mit Asperger-Störung sind einseitig, naiv und unangemessen; tatsächlich ist die massiv gestörte soziale Funktion eines der Leitsymptome des Asperger-Syndroms. Dies führt nicht selten zu destruktiven Verhaltensweisen wie z.B. Zündeln.

Im Gegensatz zu frühkindlichem Autismus ist bei Asperger-Patienten die Entwicklung der Sprache in der frühesten Kindheit nicht eingeschränkt, jedoch die nonverbale Kommunikation (z.B. reagieren sie nicht auf die Mimik anderer Menschen), außerdem sind sie schwerfällig, haben eine schlechte körperliche Koordination und oft eine merkwürdige Körperhaltung. Ferner mangelt es ihnen deutlich an Fantasie und oft sind sie stark einseitig auf bestimmte Themen fixiert, indem sie beispielsweise Bus- und Eisenbahnfahrpläne auswendig wissen oder unnütze Listen zusammenstellen. Ein Psychiater urteilt:

»… das hervorstechende Merkmal der Störung ist die Beschäftigung des Kindes mit einem bevorzugten Gegenstand – etwa Dinosaurier, Stammbäume oder mitunter Themen wie Gewalt oder Sex –, und darüber spricht es, oft in einer monotonen oder merkwürdig affektierten Sprechweise und sehr ausschweifend und zu unpassenden Zeiten. Die Versuche anderer, es zu bremsen, wird das Kind weder bemerken noch verstehen noch beachten. Häufig vermeiden diese Kinder Blickkontakt mit anderen, zeigen hingegen ein ausgeprägtes, ins Einzelne gehende Interesse an ihrer Umgebung. Die Kinder können sich an zahlreiche Fakten erinnern und verstehen auch, was sie bedeuten.«

Früher glaubte man, Asperger-Patienten hätten eine geringe Intelligenz. Von dieser Auffassung ist man heute abgerückt. Untersuchte Kinder hatten Intelligenzquotienten (IQ) zwischen 77 und 133 (als »normal« gilt ein IQ um 100).

Wir wissen nicht, wie häufig die Asperger-Störung vorkommt. Allerdings scheinen Jungen deutlich häufiger betroffen zu sein als Mädchen.

Nach Ansicht von Experten, unter ihnen auch der verstorbene Dr. Asperger, ist die Krankheit genetisch bedingt und wird vom Vater vererbt. Andere wiederum behaupten, für diese Annahme gebe es keinen Beweis. Forscher an der McGill University in Montreal haben bei Asperger-Patienten angeblich organische Anomalien in der rechten Gehirnhälfte nachgewiesen.

Manchmal wird die Asperger-Störung mit Autismus verwechselt. Zwar gilt heute das Asperger-Syndrom als Sonderform des Autismus, aber noch immer wird darüber gestritten, wie eng beide Leiden – wenn überhaupt – miteinander verwandt sind. Beiden Störungen sind viele klinische Merkmale gemeinsam. Allerdings treten die klassischen autistischen Symptome meist etwas früher auf als Asperger-Symptome (bereits vor dem dritten Lebensjahr).

Das Asperger-Syndrom wird manchmal mit der Alexithymie verwechselt, einer kognitiv-affektiven Störung von Menschen, die ihre Gefühle nicht beschreiben können. Während Asperger-Patienten keine Gefühle für andere empfinden, können Patienten mit Alexithymie ihre Gefühle nicht *ausdrücken.* Man nimmt an, dass Alexithymie (vom Griechischen *alexie* = Leseunfähigkeit und *thymos* = Gefühl) durch eine Stoffwechselstörung im Gehirn verursacht ist

Dr. Asperger glaubte, dass die betroffenen Patienten bei richtiger Betreuung brauchbare Mitbürger werden könnten. Dies wiederum wurde von anderen bestritten, da Asperger-Patienten oft unter extremen Ängsten und Depressionen litten. Treten diese im frühen Erwachsenenalter in Erscheinung, dann erschweren sie eine Berufstätigkeit und ein normales gesellschaftliches Verhalten ungemein.

Therapeutisch wird derzeit häufig für den Einsatz von Methylphenidat (Ritalin®), eine zentralnervös stimulierende Substanz, oder Fluoxetin (Prozac®), ein Antidepressivum, plädiert. Wegen der erheblichen Nebenwirkungen muss die Indikation für beide Medikamente sehr streng gestellt werden.

Die zerstörerische Beziehung zwischen John und Betty wurde beendet. Betty ist in Sicherheit und wird nicht mehr geprügelt. John befindet sich nach wie vor in Therapie. Er hat immer noch nicht begriffen, dass er Betty Schmerzen zugefügt hat, und er ist weiterhin unfähig zu Gefühlen für andere.

Der schlimmste Massenmörder Australiens – hat er ein Asperger-Syndrom?

In Australien geriet das Asperger-Syndrom in die Schlagzeilen, nachdem Martin Bryant am 28. April 1996 in Port Arthur, Tasmanien auf 55 Menschen geschossen hatte. 35 von ihnen starben und 20 wurden verletzt. So erreichte Bryant den unrühmlichen Rang des größten Massenmörders von Australien.

Die beiden Psychiater Dr. Ian Sale and Dr. Paul Mullen behaupten, dass Bryant an einem Asperger-Syndrom leidet. Sale gutachtete bei der Gerichtsverhandlung, »ein Großteil« von Bryants mörderischem Wüten sei mit einer Asperger-Störung zu erklären. Mullen, der ein dreieinhalbstündiges

Gespräch mit Bryant geführt hatte, ergänzte, dieser habe mit einem IQ von 66 und der seelischen Reife eines noch nicht einmal Elfjährigen »wie ein erschrockenes Kind auf Machtlosigkeit, Zurückweisung und Entfremdung« reagiert. Mullen wies aber auch darauf hin, dass wir »vielleicht niemals ganz die Absichten und den Geisteszustand erfahren werden, die zu den Tötungen geführt haben«.

Wer ist überhaupt geisteskrank?

Psychiater wie R.D. Laing und Thomas Szasz haben behauptet, Geisteskrankheit sei ein Märchen. Nach ihrer Auffassung verhält sich jeder, der angeblich an einer Geisteskrankheit leidet, lediglich anders, als man es erwartet. Ein solches Verhalten wird von der Gesellschaft als abweichend oder deviant definiert und die betreffende Person entsprechend gebrandmarkt. Zwar lehnen die meisten »Seelenklempner« diese Vorstellung ab, aber Dr. David Rosenhan gehört bestimmt nicht zu ihnen. Er führte mit 193 psychiatrischen Patienten ein Experiment durch. Nachdem er dem Pflegepersonal weisgemacht hatte, einige der Patienten seien Simulanten und hätten keine psychiatrische Erkrankung, stellte er fest, dass das Team nicht sicher zu urteilen vermochte, wer geisteskrank war und wer nicht. Er schloss daraus: »Es ist klar, dass wir in den psychiatrischen Kliniken die Gesunden nicht von den Kranken unterscheiden können.«

Der Grat zwischen Geisteskrankheit und geistiger Gesundheit ist wohl sehr schmal.

III

DYSMORPHOPHOBIE: EINGEBILDETE KÖRPERLICHE MÄNGEL

Auch wenn das Gehirn eines Menschen in einem beneidenswert schönen Körper eingeschlossen sein mag, kann das Verhalten seines Besitzers ausgesprochen seltsam sein.

Die meisten Menschen fühlen sich mit irgendeinem Teil ihres Körpers nicht wohl. Mal sind wir unzufrieden mit der Nase oder den Ohren, den Brüsten oder einem Körperteil, den nur wenige Menschen zu Gesicht bekommen, wie zum Beispiel dem Penis. Diese Unzufriedenheit kann jedoch so heftig ausufern, dass sie unser normales soziales Verhalten blockiert, Glücksgefühle erstickt und unser gesamtes Dasein bestimmt. In diesem Fall umschlingen uns die Fesseln einer so genannten Dysmorphophobie, die uns das Leben vergällt.

Zu einer Dysmorphophobie kommt es, wenn ein Mensch mit völlig normalem Äußeren sich ständig mit einem eingebildeten körperlichen Makel beschäftigt. Oder jemand ist tatsächlich mit einem kleinen körperlichen Mangel behaftet und misst diesem eine vollkommen übersteigerte Bedeutung bei.

Dysmorphophobien kommen viel häufiger vor, als früher angenommen wurde. Zwar wissen Laien, aber auch Mediziner wenig über diese Störung, doch ist die Anzahl der Personen, die daran leiden, nicht geringer als die Zahl derer mit Magersucht, Ess-Brech-Sucht oder Zwangsneurosen. Man schätzt, dass 70 Prozent der Durchschnittsbevölkerung irgendeinen Teil ihres Körpers abstoßend finden; von diesen beschäftigen sich 46 Prozent oft damit, während bei 28 Prozent das Denken ständig um den (eingebildeten) Makel kreist.

Menschen, die an einer Dysmorphophobie leiden, betrachten ihren eingebildeten körperlichen Makel mit Scham, Abscheu und Widerwillen. Manche äußern, dass dieses zwanghafte Denken sie quält, dass sie es aber nicht abschalten können. Manche können an keinem Spiegel vorbeigehen, ohne stehen zu bleiben und den eingebildeten Makel genau zu inspizieren. Andere wiederum sind ängstlich darauf bedacht, Spiegel zu meiden, die sie doch nur an ihren Makel erinnern würden. Tragisch ist, dass der angebliche Makel das Selbstbewusstsein der Betroffenen erschüttert und ihr Selbstwertgefühl nur zu oft zerstört. Wenn ein Mensch einen Teil von sich so sehr hasst, liegt es nahe, auch noch den Rest zu hassen.

Die Verzweiflung, die eine Dysmorphophobie verursacht, kann einen Menschen so stark belasten, dass er schwer depressiv wird und sich womöglich sogar das Leben nimmt.

Freunde und Angehörige mögen ihm noch so beredt und nachdrücklich versichern, dass er sich seinen Makel nur einbildet, der Betroffene wird seiner angeblichen Unvollkommenheit dennoch übertriebene Bedeutung beimessen. Und zwar nicht nur sich selbst, sondern auch allen anderen gegenüber. Patienten mit Dysmorphophobie glauben, dass alle Leute sie ständig anschauen und mustern. Manchmal meinen sie außerdem, die Beobachter täten dies insgeheim.

Ein wesentlicher Unterschied zwischen Dysmorphophobie und der bekannteren Zwangsneurose besteht darin, dass Menschen mit Dysmorphophobie zugeben, dass ihre Beunruhigung wegen eines körperlichen Makels zumindest etwas »ungewöhnlich« ist.

Am häufigsten klagen die Menschen mit dieser Störung über angebliche Mängel im Gesicht, wie Falten, Flecken, Narben, Blutmale, über bleichen oder geröteten Teint, Schwellungen, zu starke oder spärliche Behaarung oder angeblich verunstaltete Gesichtszüge. Weiter werden die Form der Nase, der Augen, Augenlider, Augenbrauen, Ohren, des Mundes, der Lippen, Zähne, des Kiefers, des Kinns, der Wangen oder des Kopfes im Ganzen beanstandet. Die Unzufriedenheit kann sich aber auch auf jeden anderen Körperteil fokussieren: auf Brüste, Genitalien, Gesäß, Bauch, Arme, Hände, Beine, Füße, Hüften, Schultern, Rücken oder auf die Haut.

Interessanterweise kann sich der eingebildete körperliche Makel im Laufe der Zeit verschieben. Es kommt durchaus vor, dass sich ein Patient im Alter von zwanzig Jahren einen anderen Defekt einbildet als mit vierzig.

Bei den Völkern der westlichen Welt scheinen Frauen etwas häufiger unter Dysmorphophobie zu leiden als Männer. Statistisch kommen auf jeden Mann, der wegen Dysmorphophobie einen Psychiater konsultiert, 1,3 Frauen.

Oft gehen gesellschaftliche, eheliche und berufliche Probleme mit derartigen Phobien einher. Weil sie sich verabscheuen und Angst davor haben, dass jemand sie anschaut, igeln sich viele Betroffene die meiste Zeit des Tages zu Hause ein. Manche Betroffene verlassen die Wohnung überhaupt nicht mehr. Ein Teenager bildete sich beispielsweise ein, dass sie ein »schwammiges Gesicht« habe, und schwänzte die Schule, weil ihre Klassenkameraden sie nicht sehen sollten. In einem anderen Fall weigerte sich ein Mann, der seine Brötchen mit Heimarbeit verdiente, einen wesentlich besser bezahlten Job außerhalb des Hauses anzunehmen, denn mit anderen zu arbeiten hätte bedeutet, dass diese seinen »hässlichen Teint« sehen würden.

Die alltäglichen Einschränkungen durch eine Dysmorphophobie können auch andere Formen annehmen. Eine junge Frau schnippelte täglich etwa acht Stunden an ihren Haaren herum, um eine vollkommen symmetrische Frisur zu bekommen. Eine andere war fast den ganzen Tag damit beschäftigt, ihr Gesicht mit einer Lupe nach unerwünschten Haaren abzusuchen. Ein junger Mann verabredete sich nur mit zierlichen Frauen, weil er überzeugt war, dass sie, wenn es »zur Sache« kam, seinen Penis nicht so »klein« finden würden.

Offenbar haben Menschen mit eingebildeten körperlichen Mängeln weitere Persönlichkeitsmerkmale: Manche sind übermäßig perfektionistisch, selbstkritisch, unsicher, sensibel, schüchtern oder zurückhaltend. In Fachkreisen wird nicht ganz ausgeschlossen, dass die Anlage zu Dysmorphophobie sogar vererbt werden könne.

Häufig findet sich eine Dysmorphophobie bei Menschen, die an einer sozialen Phobie (11 Prozent) oder an einer Zwangsneurose (8 Prozent) leiden, seltener bei Panikattacken (2 Prozent), nicht jedoch bei Angststörungen.

Von den Dysmorphophobikern nehmen 97 Prozent zwanghaft Manipulationen an ihrer Haut vor, außerdem besteht eine Neigung zu wiederholten Zwangshandlungen.

Menschen, die mit ihrem Aussehen nicht zufrieden sind, begeben sich für alle möglichen Eingriffe unter das Messer von Schönheitschirurgen. Von dieser Klientel hat die Hälfte eine Dysmorphophobie. Viele dieser Patienten suchen Spezialisten auf, um sich Haare durch Elektrolyse entfernen oder Haut transplantieren zu lassen.

Da diese Kunden aber kein körperliches, sondern ein seelisches Problem haben, werden ihnen weder normale Untersuchungsbefunde noch eine gelungene kosmetische Behandlung den inneren Frieden bringen.

Wahrscheinlich suchen nur wenige Menschen mit einer Dysmorphophobie einen Psychiater auf, vielmehr gehen die meisten zum Dermatologen, Internisten oder plastischen Chirurgen.

Erfreulicherweise können Dysmorphophobien psychotherapeutisch angegangen werden, vor allem die Verhaltenstherapie ist hier erfolgreich. Die medizinische Behandlung erfolgt oft, eventuell ergänzend, mit Antidepressiva.

Die kognitive Verhaltensänderung ist eine häufig angewandte, da Erfolg versprechende Therapie: Der Patient lernt, sich mit seinem Problem auseinander zu setzen, es zu lösen und Verhaltensstrategien einzuüben. Dabei kommt es auch zu einer klinisch bemerkenswerten Besserung von Depression und Angst.

Die Dysmorphophobie macht weder vor gesellschaftlichen, ethnischen noch nationalen Zugehörigkeiten Halt. Interessant ist aber, dass 85 Prozent der Betroffenen unverheiratet sind. Und anscheinend treten die ersten Anzeichen von der beginnenden Adoleszenz an bis gegen Ende zwanzig auf. Die Phobie kann ein Leben lang bestehen bleiben oder aber irgendwann weichen, vor allem, wenn sie behandelt wird.

Wie kommt es zu einer Dysmorphophobie? Möglicherweise liegt ihr eine (noch) unerkannte Hirnfunktionsstörung zugrunde, die auch bei Zwangsneurosen, sozialen Phobien und vielleicht bei schweren Depressionen eine Rolle spielen könnte. In diesem Fall könnten die Neurotransmitter Serotonin und Dopamin beteiligt sein.

Fallstudie: Karen und ihre Füße

Karen hat eine Figur, um die jede Frau sie beneidet und die Männer zum Träumen bringt. Sie ist eine der hübschesten Frauen Australiens – und doch findet sie sich hässlich. Jedenfalls ist sie so überzeugt, missgebildete Füße zu haben, dass sie selbst im heißesten Sommer nur klobige Lauf- und Turnschuhe trägt, die nichts von den Füßen sehen lassen. Obwohl sie wahnsinnig gern schwimmt, traut sie sich nicht, barfuß an den Strand zu gehen. Sie trägt sogar Socken, wenn sie mit ihrem Freund Sex hat. Nicht einmal er darf ihre Füße sehen. Karen meint: »Solange ich denken kann, fand ich meine Füße total hässlich.« Sie würde gern Mannequin oder Schauspielerin werden, hat aber bisher immer wieder Chancen nicht genutzt aus lauter Angst, dass man auf der Bühne oder beim Filmen ihre scheußlichen Füße bemerken könnte. Karen arbeitet als Empfangsdame und macht derzeit eine Therapie wegen ihrer Störung.

Fallstudie: der tragische Tod der Margaux Hemingway

Ironischerweise sind auch Menschen, die nach herkömmlichen kulturellen Normen allgemein als schön gelten, nicht dagegen gefeit, sich hässlich zu finden. Unter Umständen sind sie sogar stärker gefährdet. Nicht selten hört man von erfolgreichen Mannequins oder Schauspielern, die glauben, irgendeinen Makel zu haben, der sie hässlich macht.

Nach dem Tod von Margaux Hemingway wurde aufgrund des Zusammenhangs von Suizid, Dysmorphophobie und Schönheit spekuliert, dass eine unerkannte Dysmorphophobie, die ihre Depression verschlimmerte, bei dem mutmaßlichen Selbstmord der Schauspielerin eine Rolle gespielt haben könnte. Margaux, die nicht nur wegen ihrer ausdrucksvollen Augenbrauen bewundert wurde (»Ich brauche keinen Pass, ich hab ja meine Augenbrauen«, sagte sie mal), beklagte sich bei Freunden oft über ihren angeblich hässlichen Mund. Die junge Hemingway stammte aus einer Familie, in der gehäuft psychiatrische Krankheiten und Selbstmorde vorkamen. Sie selbst litt unter Epilepsie, Legasthenie, Bulimie, Depressionen und war medikamentenabhängig. Ob ihr tragischer Tod mit einer Dysmorphophobie zusammenhing, wurde nie geklärt.

Einem schönen Menschen mag sein Spiegelbild Schönheit oder Hässlichkeit signalisieren. Tatsächlich liegt die Schönheit im Auge des Betrachters.

Das Gehirn: mitgefangen – mitgehangen

Wer weiß, was das menschliche Gehirn alles zuwege bringen könnte, wenn der Körper es nicht als Geisel gefangen hielte! Wenn jemand beispielsweise alkoholabhängig wird, dann ist davon auch sein Gehirn betroffen und wird schließlich wie der Körper durch den Alkohol geschädigt.

Das menschliche Gehirn verfügt über ein eigenes Programm, um sich mit einer Welt im Wandel auseinander zu setzen und sich ihr anzupassen. Tagtäglich, vielleicht sogar von einer Minute zur anderen, verändert sich seine Chemie. Das Gehirn wechselt seine Form, um Eindrücke zu verarbeiten. Es leuchtet ein, dass das Gehirn sehr flexibel sein muss, wenn es die unglaublichen Leistungen vollbringen soll, die wir für so selbstverständlich halten, doch die Veränderungen sind tiefer gehend, als die Wissenschaftler bisher wussten. Die Gehirnzellen übernehmen neue Aufgaben, wenn es notwendig ist oder sich anbietet. Wie dies geschieht, ist aber noch immer rätselhaft. Das ständig im Wandel begriffene Gehirn erscheint nur denen als Illusion, die darauf bestehen, dass es einen Unterschied gibt zwischen »Geist« und Gehirn. Danach hätte das Gehirn einfach seinen festen Platz am oberen Ende des Rückenmarks und bestimmte von dieser hohen Warte aus, was Sache ist.

Denk- und Lernvorgänge im Gehirn werden sichtbar

Heute ist es möglich, die Veränderungen, die sich beim Denken und Lernen abspielen, sichtbar zu machen. In vielen Fällen lässt sich mithilfe moderner bildgebender Verfahren und Geräte genau verfolgen, welche Wege im Gehirn und welche chemischen Substanzen bei den verschiedenen geistigen Aufgaben aktiviert werden. Diese Verfahren gestatten auf unblutige Weise, aktive Zonen in gesunden und in kranken Gehirnen zu beobachten.

Die Beobachtung des denkenden und lernenden Gehirns ergab, dass zehn Prozent der Kinder nicht imstande sind, rasch wechselnde sprachliche Äußerungen zu verarbeiten. Ihr Sprachverständnis ist unzulänglich; ebenso sieht ein Kind mit einer Sehschwäche unscharf, wenn es keine Brille benutzt. Ein größerer Prozentsatz dieser Kinder lernt nie richtig lesen.

IV

DAS GEHIRN VON VAMPIREN ODER: KÖNIG GEORGE III., DER WAHNSINNIGE, ODER WENN DAS BLUT KRANK IST

Wir kommen nun zu einem echten Knüller. Was haben Vampirgeschichten, George III. von England, Wahnsinn und eine Blutkrankheit gemeinsam?

Mitte der 1980er-Jahre nahm die Polizei im US-Bundesstaat Virginia den 20-jährigen Jeffery Wainwright wegen Mordverdachts fest. Das Opfer, ein 43-jähriger Maurer namens Charles Brownell, pflegte sich als Vampir zu bezeichnen. Es war ein verzwickter Fall.

Obwohl Brownell sich als Erwachsener stets als Vampir titulierte, nahm ihn kaum jemand ernst.

Nachdem er zwei Wochen verschwunden war, schöpften seine Nachbarn Verdacht, als sie vor seiner Wohnung eine Blutspur entdeckten. Als die herbeigerufenen Polizisten in die Wohnung eindrangen, entdeckten sie noch mehr Blut sowie Gewebefetzen und menschliche Organe. Zunächst vermuteten sie, Brownell selbst habe jemanden ermordet und sei anschließend geflohen. Gerichtsmedizinisch aber stellte sich das Gegenteil heraus: Die Leichenteile wurden als Brownells sterbliche Überreste identifiziert.

Das Faszinierendste aber war, was die Untersuchung von Brownells Leber ergab: Der Verblichene hatte an Porphyrie gelitten, einer seltenen genetisch bedingten Krankheit. Der Name ist vom griechischen *porfura* (Purpur) abgeleitet und bezieht sich auf die Rotfärbung des Urins der betroffenen Patienten. Nur eine von 30 000 Personen erkrankt an Porphyrie. Mediziner, die sich mit Porphyrie und anderen krankhaften Störungen der Leberfunktion auskennen, sind der Ansicht, dass die Leute, die sich früher für Vampire oder für Werwölfe hielten, in Wirklichkeit an einer Porphyrie litten. Dabei sind zwei Formen der Krankheit zu unterscheiden: eine erythropoetische und eine hepatische. Bei beiden Formen ist die Bildung des roten Blutfarbstoffs Häm auf verschiedenen der acht Biosynthesestufen gestört. Neben anderen Funktionen bindet und transportiert Häm Sauerstoff im Blut. Es leuchtet ein, dass eine Störung dieser

Funktionen schwerwiegende Nachteile für die Gesundheit haben muss.

Da schon geringe Sonnenexposition sich bei Patienten mit Porphyrie verheerend auswirken kann, meiden sie helles Licht. Die Haut kann so schwer geschädigt werden, dass das Gewebe der Nase und der Finger zerfällt. Die Zähne werden scheinbar größer, weil das Zahnfleisch sichtbar abgebaut wird und zurückweicht. Da auch die Lippen von diesem Gewebeabbau betroffen sind, gleicht die Physiognomie der von Vampiren, wie sie uns literarisch überliefert ist. Patienten, die an Porphyrie leiden, sind zu allem Unglück oft außerordentlich stark behaart. So wundert es nicht, dass im Mittelalter die Mär vom Werwolf entstand: Für Menschen, die nachts eine behaarte Gestalt mit Fangzähnen geduckt durch die Finsternis schleichen sahen, konnte es sich nur um ein gefährliches Ungeheuer handeln.

Die Mär von den Blut schlürfenden Vampiren des Volksglaubens könnte einen realen Kern haben, insofern Porphyriekranke instinktiv versucht haben mögen, ihre furchtbaren Symptome auf diese Weise zu lindern. Wenn der Kranke eine ordentliche Portion Blut trank, mochte das darin enthaltene Häm den Verlust durch die fehlgesteuerte Hämsynthese kompensieren und die Krankheitssymptome durch »Abschalten« der Fehlsteuerung lindern. Freilich ist diese Form der Selbstmedikation nicht sehr wirkungsvoll, obwohl das Häm durch die Magenwand in die Blutbahn gelangt.

Das Mittelalter liegt weit hinter uns. Die Porphyrie kann heutzutage durch Injektionen von Häm behandelt werden. In grauer Vorzeit müssen die Erkrankten eine verzweifelte Gier nach frischem Blut gespürt haben, das ihnen das lebensnotwendige Häm gespendet hätte. Kein Wunder, dass auch heute bei Betroffenen nicht selten Persönlichkeitsveränderungen, Bewusstseinsstörungen und psychotische Symptome, sogar Demenz beobachtet werden.

Der Volksglaube, dass der Biss eines Vampirs auch den Gebissenen zum Vampir machen kann, deutet auf die Erblichkeit der Porphyrie hin. Heute sind Beispiele von Zwillingen bekannt, die beide den gleichen Gendefekt aufweisen, von denen aber nur einer nachweislich an Porphyrie erkrankt. Ebenso weiß man, dass eine Belastung des Häm bildenden Systems, beispielsweise ein plötzlicher und starker Blutverlust, bei einer genetisch entsprechend disponierten Person die Krankheit auslösen kann. Entsprechend groß könnte die Wahrscheinlichkeit gewesen sein, dass ein Opfer der Porphyrie eine Person mit der Veranlagung biss und dadurch die Krankheit auslöste.

Da die Porphyrie überwiegend genetisch bedingt ist, konnten in abgelegenen Gebieten durch Inzucht regelrechte Nester entstehen – geographische Zonen, in denen die Krankheit gehäuft vorkommt. Damit wäre auch die folkloristische Vorliebe der Vampire zu erklären, sich im einsamen, gebirgigen Transsylvanien niederzulassen.

Dem Volksglauben zufolge vermag Knoblauch Vampire abzuwehren. Viele Arzneimittel und Chemikalien, die Häm zersetzen, haben diese Eigenschaft mit dem Hauptwirkstoff des Knoblauchs, dem Methylallyltrisulfid, gemeinsam. Daraus ließe sich ableiten, dass Knoblauch eine Porphyrieattacke verschärfen könnte. Insofern wäre die erfolgreiche Abwehr von Vampiren durch Knoblauch durchaus denkbar.

1994 wurde in einer norwegischen Studie behauptet, auf die Hände geriebener Knoblauchsaft könne Fledermausvampire »anlocken« und die prophylaktische Wirkung der Knolle treffe wahrscheinlich nicht zu. Das Gegenteil sei der Fall: Wahrscheinlich ziehe Knoblauch die Vampire erst an. Etwas ironisch heißt es, man solle daher erwägen, den Gebrauch von Knoblauch in Norwegen einzuschränken, um Zustände wie auf dem Balkan zu vermeiden.

Und was hat das alles mit König Georg III. zu tun? Ganz einfach, auch dieser König soll eine Porphyrie gehabt haben. Dafür spricht die Art des körperlichen und geistigen Abbaus dieses glücklosen englischen Königs. Allerdings lässt sich die Verdachtsdiagnose nachträglich nicht mehr sichern, da keine DNA des längst Verblichenen zur Verfügung steht. Falls er an Porphyrie erkrankt war, erholte er sich wahrscheinlich nach jeder Attacke durch bessere Ernährung und Flüssigkeitszufuhr. Obwohl das Verhalten des Königs während seiner schweren Krankheitsschübe reichlich bizarr war, weist nichts darauf hin, dass er Verhaltensweisen an den Tag legte, wie sie Vampiren zugeschrieben werden.

Heute sind die Aussichten hinsichtlich Lebenserwartung und Linderung der Symptome bei Porphyrie relativ gut. Wesentlich sind Früherkennung, optimale Flüssigkeitszufuhr und Ernährung sowie das Vermeiden ungeeigneter Arzneimittel. Vorzeitige Todesfälle ereignen sich gewöhnlich, weil die Diagnose zu spät gestellt, das Leiden nicht behandelt wurde oder weil keine regelmäßige ärztliche Überwachung erfolgte.

Es gibt mehrere Erklärungsmöglichkeiten, warum sich die Vampirgeschichten in unserem Kulturkreis so lange gehalten haben. Eine recht allgemeine Erklärung ist, dass solche Geschichten und die Fantasien, die sich um sie ranken, den Lebenden helfen, den Tod und den Verlust ihrer geliebten Angehörigen besser zu ertragen.

Manche glauben, Vampire seien Menschen, die zwar gestorben sind, aber als »Untote« umgehen und keine Ruhe finden. Eine wichtige Funktion der Mythen um Vampire mag gewesen sein, den Trauernden den Glauben zu vermitteln, dass ihre geliebten Dahingegangenen in anderer Form weiterlebten. Ähnlich kann in der Psychoanalyse, hier insbesondere bei der Übertragung, das Auftreten von Fantasiematerial, das Vampirlegenden zum Inhalt hat, auf einen Verlust hindeuten.

Vampirismus im klinischen Sinn ist etwas ganz anderes. Bei manchen ähnelt das Verhalten den Exzessen, die in den Vampirmythen beschrieben werden. Manche glauben wirklich, sie seien Vampire, und sind mitunter stolz darauf. Es gibt sogar ein paar Vampir-Websites im Internet.

Vampirismus im klinischen Sinn wurde auch in der gerichtsmedizinischen Literatur als seltenes Leiden beschrieben, das eine der schockierendsten menschlichen Verhaltensweisen hervorbringt. Die Definitionen von Vampirismus umfassen auch Bereiche wie Nekrophilie, Sadismus, Kannibalismus und die Faszination durch Blut. Er kann auf komplizierte Weise mit Schizophrenie, Depressionen, geringer Selbstachtung und anderen Befindlichkeiten einhergehen. Die Ursache des klinischen Vampirismus ist kompliziert und kann auch bedeuten, dass die Beziehung zwischen Mutter und Kind massiv gestört war.

Dass die gestörte Beziehung zwischen Mutter und Kind zu Autoaggressionen führen kann, bei denen sich Vampirismus gegen die eigene Person richtet, ist mehrfach dokumentiert. Als Beispiel sei ein junger Mann erwähnt, der als Baby ungeliebt war, sich nur heftig widerstrebend stillen oder mit Fläschchen füttern ließ, dessen emotionale Reifung zurückblieb und der dann als Erwachsener schlimmste Vampirverhaltensweisen an den Tag legte.

Wie erklärt sich das? Man könnte spekulieren, dass diese Art von Autoaggression für die meisten Menschen die einfachste Möglichkeit darstellt, den unstillbaren Wunsch zu nuckeln bzw. zu saugen zu befriedigen.

Fallbericht W.T.

Die Lesbierin W.T. war überzeugt, ein Vampir zu sein – ein Geschöpf aus dem Reich der Untoten. Jahrelang vermied sie es, sich in Spiegeln zu betrachten oder in die Sonne zu gehen. Sie ernährte sich ausschließlich von Blut, das sie sich in Metzgereien besorgte. Ihre Geliebte P.L. spendete ihr regelmäßig Blut, doch das genügte W.T. nicht. Im Laufe der Zeit gewann sie mit ihrer Freundin zwei weitere Anhängerinnen für ihren lesbischen Vampirkult. Diese Anhängerinnen waren überzeugt, dass W.T. übernatürliche Kräfte besitze und z.B. auch die Fähigkeit habe, sich nach Lust und Laune unsichtbar zu machen und nur die Augen einer Katze zu hinterlassen, die sie in der Luft aufgehängt hatte. Die Frauen glaubten außerdem, W.T. brauche »Kraft«, um derartige »Wunder« zu wirken.

Im Oktober 1989 ermordete das Quartett einen Mann, den sie durch Sexofferten in ihre Gewalt gebracht hatten. Sie schnitten ihm die Kehle durch, sodass W.T. sein Blut trinken konnte. Vor Gericht bekannte sich W.T. schuldig und wurde zu »lebenslänglich« verurteilt. Das Schöffengericht verurteilte zwei von den anderen drei Frauen zu hohen Gefängnisstrafen und sprach die dritte frei mit der Begründung, sie sei W.T. vollkommen hörig gewesen.

Dracula – mal anders betrachtet

Eine Gruppe von Forschern in Philadelphia glaubt in der Dracula-Geschichte alle Merkmale einer Borderline-Persönlichkeit zu erkennen.

Bram Stokers Roman *Dracula* wäre demnach am ehesten als dramatischer, übertriebener und fantastischer Ausdruck von Ideen zu verstehen, die mit den damaligen psychoanalytischen Auffassungen so genannter Borderline-Störungen übereinstimmen. Diese Auffassung wiederum könnte die innerseelische Welt und die Erlebniswelt von Borderline-Patienten besser verstehen helfen. Teile des Romans ließen sich heranziehen, um die Begrifflichkeit neuerer Beiträge zur Theorie der Objektbeziehung und zum Verständnis der Borderline-Persönlichkeit zu vertiefen. Es ist unheimlich, in welchem Maß die Besonderheiten Draculas mit den Beschwerden von Borderline-Patienten übereinstimmen.

Ist das nicht doch an den Haaren herbeigezogen? Mag sein. Der amerikanische Psychiatrieverband subsumiert unter Symptomatik von Borderline-Persönlichkeitsstörungen »das heftige Bemühen, reale oder vermeintliche Hingabe zu vermeiden, Identitätsstörungen, ausgeprägte und anhaltend instabile Gefühle, Selbstunsicherheit, chronische Empfindung von Leere, vorübergehende, stressbedingte Ausbildung paranoider Ideen oder schwere dissoziative Symptome«. Es fällt auf, dass die Symptome eher allgemein sind. Dracula könnte eventuell als Borderline-Persönlichkeit durchgehen – so wie manch andere berühmte Gestalt der Weltliteratur.

V

DAS GEHIRN DES WERWOLFS

Gelegentlich kann ein menschliches Gehirn der Täuschung erliegen, sein Besitzer könne in ein wildes Tier verwandelt werden oder sich selbst verwandeln. Psychiatrisch gesehen liegt hier der Ursprung des Glaubens an Werwölfe.

Das Thema Werwölfe wurde durch Hollywood unsterblich, das diese Legenden pflegte und sogar förderte. Den ersten Werwolf-Film *The Werewolf of London* gab es 1935. Nach heutigen blutigen Maßstäben des Grauens war dieser Film recht zahm, aber damals versetzte er das faszinierte Publikum in Angst und Schrecken und weckte natürlich den Wunsch nach mehr. Daran verdienten die Universal Studios in den dreißiger und vierziger Jahren des vergangenen Jahrhunderts ein Vermögen. Der Schauspieler Lon Chaney Jr., der in mehreren Filmen einen Werwolf darstellte, wurde ein Star.

Nicht nur der Werwolf wurde von Hollywood als Thema auserkoren. Vielmehr wurden Menschen auch in Katzen, Schlangen, Fliegen, Spinnen und anderes Getier verwandelt. Die Disney Studios sprangen 1959 mit *The Shaggy Dog* auf den Zug auf. Der 1984 gedrehte Film *Birdy*, dessen Vorlage der gleichnamige Roman von W. Wharton ist, porträtiert einen traumatisierten jungen Mann, dessen sehnlichster Wunsch es ist, ein Vogel zu sein und der Welt zu entfliegen.

Im australischen Fernsehen wurde lange Zeit eine Werbung präsentiert, in der sich ein junger Mann am Steuer seines Wagens in einen heulenden Wolf verwandelt. Seine attraktive Begleiterin nimmt er nicht wahr, ist sein Spaß am Fahren doch viel größer. Fassungslos betrachtet sie ihn und höhnt: »Und den findet meine Mutter süß!« Die Werbebotschaft: Dieses Auto zu fahren ist besser als Sex.

Lykanthropie in verschiedenen Formen ist ein zählebiges Phänomen. Es handelt sich um einen Begriff aus der Psychiatrie, der den Wahn bezeichnet, man sei in ein Tier, vor allem in einen Wolf, verwandelt worden – eine der ältesten Wahnvorstellungen, die wir kennen. Sogar heutzutage wird in der medizinischen Literatur gelegentlich über solche Fälle berichtet.

Historisch reicht der Ursprung der Lykanthropie weit zurück. Nach einem altgriechischen Mythos wurde Lykaon, ein König Arkadiens, von Zeus in einen Wolf verwandelt, als er diesem zur Speise Menschenfleisch vorzusetzen versuchte. Und im Alten Testament finden wir die Geschichte von Nebukadnezar II., König von Babylonien, der sieben Jahre in einem »Status lycanthropicus«, wie die Mediziner heute sagen würden, gefangen gewesen sein soll. Weltweit kommt Lykanthropie in zahlreichen Märchen und Legenden vor. Noch im 19. Jahrhundert war der Glaube an Satyrn und andere halb menschliche, halb tierische Lebewesen ziemlich verbreitet. Einer irischen Legende zufolge verwandelte der Heilige Patrick Veneticus, den König von Gallien, in einen Wolf. In manchen Legenden findet »umgekehrte« Lykanthropie statt. Ein bemerkenswertes Beispiel hierfür ist das Märchen *Die Schöne und das Biest (La Belle et la Bête)*.

Bis zum 20. Jahrhundert, als die Bevölkerung noch rapide anstieg und die Wälder abgeholzt wurden, waren Wölfe die gefürchtetsten Raubtiere in ganz Europa. So wundert es nicht, dass bei Schizophrenen ein häufiger Wahninhalt der war, in einen Wolf verwandelt worden zu sein. Eine derartige Verwandlung verspricht den Schwachen, Unterdrückten und Geknechteten plötzliche Macht. Aufgestaute Aggression und Gewalt könnten durch das Tier im Menschen abreagiert werden.

Früher konnten die ständige Furcht und die gelegentliche Beobachtung eines Menschen, der sich für einen Werwolf hielt, zweifellos zu periodischen Ausbrüchen von lykanthropischer Massenhysterie führen – aber auch zur Verfolgung von Geisteskranken mit diesem Wahn. Ironischerweise bewirkte die Angst, diese Personen würden andere Menschen angreifen und sie verspeisen, dass Geisteskranke weithin abgeschlachtet wurden. Während der spanischen Inquisition führte die kirchliche Gerichtsbarkeit die Hinrichtung von »Tiermenschen« durch Grillen am Spieß ein.

Berichte über Lykanthropie finden sich praktisch in allen menschlichen Gesellschaften. Außer in Europa kennt man Lykanthropie auch in China, Indien, Afrika und in Nord- und Südamerika. Zwar ist der Wolf das Tier, das den Wahn am häufigsten repräsentiert, aber auch Löwen, Tiger, Hyänen, Bären, Haie und Krokodile kommen vor. Unweigerlich handelt es sich um Tiere, die in der Nahrungskette ziemlich weit oben stehen. Diese Tiere sind gleichzeitig Objekt der Angst und Symbol der physischen und sexuellen Potenz.

Beschreibungen der Lykanthropie und ihrer Therapie sind bereits in den ältesten medizinischen Schriften zu finden. Im 7. Jahrhundert n.Chr. geht der griechische Arzt Augustus Aegineta darauf ein und empfiehlt als Therapie den Aderlass. Der Franzose Jean Fernel (1497–1558) erwähnt die ärztliche Auffassung seiner Zeit, Menschen könnten durch die Kräfte des Bösen, oft durch den Teufel selbst, in Werwölfe verwandelt werden.

Zwei Fälle von Lykanthropie in der psychiatrischen Literatur verdienen es, besonders erwähnt zu werden. Den wahrscheinlich berühmteren beschrieb kein Geringerer als C.G. Jung. Seine Patientin war eine pflichtbewusste Mutter von drei Töchtern, die sie sehr liebten. Manchmal jedoch träumten die Töchter, ihre Mutter sei ein gefährliches wildes Tier. Jahre später zeigte die Mutter lykanthropische Anwandlungen, indem sie auf allen vieren kroch, wie ein Schwein grunzte, wie ein Hund bellte und wie ein Bär brummte. Jung fragte sich vergebens, was dieses Verhalten auslösen mochte. Er nutzte diesen Fall jedoch, um die außerordentliche Sensibilität von Kindern für unbewusste Konflikte der Eltern zu veranschaulichen.

Den zweiten Fall einer klassischen Lykanthropie verdanken wir dem Philosophen und Psychiater Karl Jaspers. Dieser Fall ist bemerkenswert, weil der Patient, der sich für einen Werwolf hielt und hochgradig suizidgefährdet war, verlangte, durch eine silberne Kugel ins Herz getötet zu werden – wie im Kino.

Kein Fall von Lykanthropie gleicht exakt dem anderen, doch allen ist das Merkmal der Verwandlung in ein Tier gemeinsam. Die Betroffenen bewahren indessen meist ein gewisses Bewusstsein ihrer menschlichen Identität. Zum Beispiel reagieren sie, wenn man sie mit ihrem Namen anspricht.

Auch heute gibt es noch Menschen, die an Lykanthropie leiden, allerdings kommen sie viel seltener vor als in der Vergangenheit. 1985 wurde aus Irland der merkwürdige Fall einer 66-jährigen Witwe bekannt, die ohne erkennbaren Grund gegen einige Mitglieder ihrer Familie aggressiv geworden war. Bei mehreren Gelegenheiten ging dies mit tierähnlichem Verhalten einher: Sie ging dann in die Knie, stützte sich auf die Hände und bellte wie ein Hund.

Aus dem Jahr 1988 liegt der Bericht einer amerikanischen Klinik vor, der im Verlauf von 14 Jahren immerhin zwölf Fälle von Lykanthropie überwiesen wurden. Unter diesen Patienten war ein 24-jähriger allein stehender Mann mit einer schweren Depression und einer kurzen Periode von Alkoholmissbrauch in der Vorgeschichte. Der Patient war seit 13 Jahren fest davon überzeugt, er sei eine Katze und in einem menschlichen Körper gefangen. Er behauptete, die Hauskatze habe ihm seinerzeit anvertraut, dass er eine Katze sei, und habe ihn dann auch die »Katzensprache« gelehrt. Zwar hatte der junge Mann einen einträglichen Job, aber er verbrachte praktisch seine gesamte karge Freizeit mit Katzenaktivitäten. Er lebte mit Katzen, hatte Sex mit Katzen, jagte mit ihnen und suchte statt menschlicher Nachtlokale Katzentreffs auf. Seine größte – freilich unerwiderte – Liebe galt einem Tigerweibchen im örtlichen Zoo. Er hoffte, das Tier eines Tages zu befreien. Die lykanthropischen Wahnvorstellungen sprachen weder auf die Behandlung mit antipsychotisch wirkenden Psychopharmaka noch auf eine verhaltensmodifizierende Psychotherapie an.

Lykanthropische Wahnideen können ständig vorhanden sein oder merkwürdigerweise nur etwa eine Stunde lang andauern. R.M., ein 33-jähriger deutscher Student schwarzer Hautfarbe, ist ein solches Beispiel. Bei seiner Einweisung in eine psychiatrische Klinik war er zunächst euphorisch. Wenige Tage später wurde er plötzlich erregt, sehr aggressiv, ließ sich auf den Boden fallen, rannte auf allen vieren über die Station und bellte dabei wie ein Hund. Wenn er sich seiner Identität als R.M. wieder bewusst wurde, behauptete er, ein Hund zu sein. Darüber hinaus war er überzeugt, von dem Hund, bei dem es sich in Wirklichkeit um den Teufel handelte, besessen zu sein. Sein Bewusstsein war nicht getrübt. Dieser Zustand der Lykanthropie dauerte etwa eine Stunde und konnte im Übrigen beendet werden, sobald dem Patienten ein Antipsychotikum injiziert wurde.

Natürlich ist die spannende Frage, wodurch Lykanthropie ausgelöst wird. Neben anderen möglichen Erklärungen wird in der Literatur eine unbekannte Störung des Gehirnstoffwechsels erwähnt, die aber bisher nicht schlüssig bewiesen werden konnte. Man weiß, dass Lykanthropie beispielsweise beim Geschlechtsverkehr, durch Drogenkonsum oder durch eine organische Hirnschädigung ausgelöst oder forciert wird, aber auch durch andere Einflüsse.

Am ehesten dürfte die lykanthropische Symptomatik eine schwere Psychose begleiten, ohne dass ein spezifischer psychiatrischer oder neurologischer Befund vorliegen muss.

Warum die Lykanthropie heute so selten geworden ist, lässt sich anscheinend leichter beantworten. Möglicherweise liegt es daran, dass die Wölfe in Europa fast ausgerottet wurden.

So schwierig es ist, die Ursache der Lykanthropie auszumachen, so problematisch ist oft die Behandlung. Beim Patienten R.M. half die Gabe eines Medikaments. In vergangenen Zeiten oder in den Hollywoodschinken mag es eine silberne Kugel mitten ins Herz gewesen sein.

Wohin mit den Werwölfen?

Die erste Gruppe der *Werewolves Anonymous* wurde 1996 in Baton Rouge, Louisiana, ins Leben gerufen. *Werewolves Anonymous* ist eine Selbsthilfeorganisation nach dem Muster der Anonymen Alkoholiker. Seit ihrer Gründung hat der Psychologe, der die Organisation betreut, angeblich mehr als 200 Patienten mit »organisch bedingter Lykanthropie« behandelt. Bei diesen Patienten soll in gewissen zeitlichen Abständen das hormonale Gleichgewicht gestört sein, was das Gehirn und den übrigen Körper stark beeinträchtigt.

Würfelspiel im Gehirn

Kann der menschliche Geist seine Kräfte irgendwie so konzentrieren, dass er physische Objekte verändern kann? Vielleicht beeinflussen, wie Würfel fallen sollten? So merkwürdig es scheinen mag, es spricht einiges dafür – auch wenn dieser Effekt sehr spärlich ist. Entsprechende Experimente wurden bereits 1937 durchgeführt. Eine Überprüfung ergab, dass manche Würfelnden mit ihren Gedanken steuern können, wie die Würfel fallen. Allerdings würden die Treffer nicht genügen, das Kasino in Monte Carlo oder die Spielhöllen von Las Vegas zu sprengen. Angenommen, bei sechsmaligem Würfeln wäre jeweils eine Sechs als Treffer dabei. Hochgerechnet würde bei 1 000 Würfen die Sechs 166,6-mal fallen. Es wurde aber nachgewiesen, dass die Sechs 169,2-mal fällt, eine zwar geringe, aber statistisch signifikante Zunahme, die nach Ansicht mancher Untersucher auf gedankliche Steuerung zurückzuführen ist.

VI

BESESSENHEIT: WENN JEMAND GLAUBT, EIN DÄMON ODER EIN TEUFEL SEI IN IHN GEFAHREN

Was löst im Gehirn eines Menschen den Wahn aus, er sei von einem Dämon besessen? Genau wissen wir das nicht, aber ein paar Teilaspekte sind immerhin bekannt.

Noch im 19. Jahrhundert war die Theorie von der Besessenheit in Europa ziemlich verbreitet. Heute ordnen die Psychiater den Wahn, von einem Dämon besessen zu sein – die Dämonomanie – meist den depressiven Zuständen zu. In unserer Zeit tritt Dämonenglaube manchmal bei schizophrenen Psychosen auf.

Besessenheit zählt zu den ältesten bekannten Wahnkrankheiten und wurde in vielen Ländern der Erde beobachtet, kommt aber heute praktisch nur noch bei nichtzivilisierten Völkern vor. Die klassischen Bezeichnungen lauteten zum Beispiel in Japan *Dojo*, in Mexiko *Embrujada* und in Ruanda *Kubandwa.* Wie der Wahn auch genannt wird, überall gleichen sich die Wahninhalte, die Besessenen werden von Dämonen, Teufeln, bösen Geistern oder anderen Bösewichtern heimgesucht, die sich in ihnen breit machen und ihr Denken und Handeln bestimmen.

In westlichen Ländern lebte der Glaube an Dämonen 1973 mit dem Film *Der Exorzist* wieder auf. Tatsächlich dürfte dieser Streifen einiges an Massenhysterie und Nachahmer-Neurosen ausgelöst haben. Entsprechend wurden auch bei Personen, die den Film gesehen hatten, so genannte Kino-Neurosen bekannt.

Mit welchen Verfahren versuchten die Menschen, die Dämonen zu vertreiben? Eine Möglichkeit war, den Dämon in einen anderen Körper zu locken, meist in den eines Tieres. Oder man versuchte, ihn mit Lärm, Prügeln oder Gestank zu vertreiben. Hier ist schon der Übergang zum Exorzismus zu erkennen, zur ritualisierten Geisteraustreibung. Exorzismus ist als eine frühe Form der Psychotherapie zu werten und wurde längst durch moderne Therapieverfahren abgelöst, wird aber in der katholischen Kirche noch gelegentlich, außerdem in esoterischen Kreisen praktiziert – manchmal mit schlimmen Folgen.

In England, wo sich 1975 eine Sekte an einer Teufelsaustreibung versuchte, wurde dadurch die psychiatrische Behandlung des »Besessenen« verzögert, der schließlich seine Frau umbrachte. 1993 wurde eine Frau in Australien Opfer exorzistischer Handlungen, die ihr Ehemann und ein weiterer Mann an ihr vornahmen.

In sehr seltenen Fällen plädieren Psychiater auch heute noch bei »therapieresistenten« Patienten mit Dämonenwahn für kontrollierte exorzistische Anwendungen. Sie argumentieren dahingehend, dass bei einem tief religiösen Kranken, der überzeugt sei, vom Teufel »besessen« zu sein, die sonst bewährten klinischen Behandlungsmethoden versagten. Bei diesen Kranken könne eine religiöse Handlung wie der Exorzismus den Widerstand gegen die Therapie brechen. Natürlich ist dieses Vorgehen fragwürdig und äußerst umstritten.

Sigmund Freud deutete 1923 die Dämonomanie als Ausdruck einer Neurose. Danach äußern sich in den Dämonen unterdrückte verbotene Wünsche, die auf die Außenwelt projiziert werden.

Freuds berühmte historische Untersuchung des Dämonenwahns befasst sich mit dem Maler Christoph Haizmann, dessen Karriere endete, als bei ihm der Wahn ausbrach, vom Teufel besessen zu sein. Freud deutete Haizmanns Wahninhalt als Symbol für dessen (vor Ausbruch des Wahns) verstorbenen Vater, einen erschreckenden Zeitgenossen, der – so Haizmanns Fantasien – ihn inzestuös vergewaltigen und dann kastrieren wollte. Die Ursache des Wahns sah Freud im ungelösten Ödipuskonflikt des Malers. Haizmann sei es nicht gelungen, sich vom Wunsch nach dem Inzest mit der Mutter zu befreien und den Hass und die Eifersucht gegen seinen Vater zu überwinden.

Wie oben erwähnt, handelt es sich um eine historische Untersuchung, denn der Maler Christoph Haizmann wurde 1618, am Beginn des Dreißigjährigen Krieges, in Bayern geboren. Gegen Freuds Deutung spricht nach Ansicht mancher Psychologen einiges. Und das ist Anlass, sämtliche Aspekte von Dämonenwahn einschließlich der Frage zu überdenken, warum zu manchen Zeiten Menschen mit Anzeichen einer Besessenheit auf dem Scheiterhaufen landeten. Der »Teufel« in Haizmann mag in der Tat sein Vater gewesen sein, der das Kind schwer misshandelte, aber sicher erlitt Haizmann als Kind weitere schwere Traumata, die Freud erkannt haben würde, hätte er nur die Hinweise gründlicher untersucht.

Aus heutiger Sicht und in Anbetracht der Erfahrungen mit Patienten, die sich von Dämonen besessen glauben, spricht vieles dafür, dass Christoph Haizmann durch schwere sadistische Handlungen traumatisiert wurde. Menschen, die derart misshandelt wurden, sind oft außerstande, davon zu erzählen, denn ihr Entsetzen und die posttraumatische Amnesie haben sie sprachlos gemacht.

Der Albtraum, den Haizmann als Heranwachsender während des Dreißigjährigen Krieges erlebte, war alltäglich: Tod, Zerstörung, Mord, öffentliche Hinrichtungen, Vergewaltigung, Plünderung, Folter, Hungersnot und sogar Kannibalismus. (Bert Brecht setzte sich literarisch mit dieser Zeit auseinander; sie inspirierte ihn 1941 zu seinem Stück *Mutter Courage*, dessen Hauptfigur ein Beispiel für Überlebenskunst ist.)

Diese Kriegserlebnisse trugen zu Haizmanns Kindheitstrauma bei, das so massiv war, dass er es in sein Innerstes verdrängte. Jahre später stieg es in Form des Teufels wieder empor, der ihn zerstören wollte – und das war seinem Vater ja fast gelungen.

Haizmanns Dämonenwahn spiegelt also eine gewalttätige, traumatische Kindheit wider – und ist nur ein extremer Ausdruck des kindlichen Versuchs, mit einer brutalen Welt zurechtzukommen.

Historiker mögen sich fragen, ob Gewalt und Traumata in der Kindheit die lange Geschichte des Dämonenwahns in der menschlichen Gesellschaft zu erklären vermögen. Sie mögen herausfinden, ob die vermutlich »besessenen« Hexen, die auf den Scheiterhaufen verbrannt wurden, nur Opfer eines Missbrauchs als Kind wurden oder nicht. Wenn ja, dann wären die Hexenverbrennungen ein klassisches Beispiel für die Wertung, dass die Opfer selbst schuld sind.

Ob sich heutige Fälle von Dämonenwahn auf diese Weise erklären lassen, ist fraglich. Bei Kindern, die sich von Dämonen besessen glauben, wurde nachgewiesen, dass sie sämtlich die gleiche Last mit sich schleppen: ein schweres Kindheitstrauma in einer gewalttätigen Familie.

Lassen sich allein durch geistige Kräfte Gegenstände bewegen?

Das Gehirn scheint tatsächlich lernen zu können, Gegenstände einzig durch Geisteskraft zu bewegen. Zwar mögen wir nicht imstande sein, kraft unseres Geistes Berge zu versetzen, aber es spricht einiges dafür, dass wir die Aktionspotenziale unseres Gehirns hinreichend trainieren können, um den Cursor auf dem Bildschirm eines Computers zu bewegen.

Ein entsprechendes Experiment wurde mit 50 Probanden im US-Bundesstaat New York durchgeführt. Nachdem man an ihrer Kopfhaut Elektroden zum Aufzeichnen der Gehirnströme befestigt hatte, sollten die Probanden sich darauf konzentrieren, den Cursor auf einem Bildschirm von einer Ecke in die gegenüberliegende zu bewegen. Die elektromagnetischen Signale wurden über die Kopfelektroden abgeleitet, verstärkt und in einen Rechner geführt, der dann »entschied« (oder nicht), den Cursor zu bewegen. Manche Probanden erzielten in der vorgegebenen Zeit eine Trefferquote von 75 Prozent.

Für Menschen mit einer Lähmung könnte dieses Experiment weitreichende Folgen haben. Zumindest reizt das Ergebnis unsere Fantasie.

Ob der Science-Fiction-Traum doch irgendwann Wirklichkeit wird?

G.Y. nimmt nur Bewegungen wahr und ist ansonsten blind

Zum Schluss dieses Kapitels möchte ich Ihnen noch eine merkwürdige Reaktion des Gehirns vorstellen. Lange Zeit glaubte man, dass optische Eindrücke zunächst in die primäre Sehrinde im Gehirn gelangen und erst dann auf Hirnregionen verteilt werden, die auf die Wahrnehmung von Farbe oder Bewegung spezialisiert sind. Doch G.Y., ein blinder Mann um die Dreißig, gibt den Wissenschaftlern Rätsel auf und zwingt sie, die bisherige Lehrmeinung zu überprüfen. Obwohl G.Y. praktisch vollständig blind ist, »sieht« er Objekte, die sich schnell bewegen oder bewegt werden, nimmt sie aber nicht wahr, wenn sie ruhig daliegen. Untersuchungen an dem Mann bestätigten sein sehr partielles Sehvermögen. Fachleute würden behaupten, das sei unmöglich und das Gehirn funktioniere nicht auf diese Weise. Aber hier spielt sich eindeutig irgendwas ab. Man hat argumentiert, es könne womöglich ein separates Bewusstsein für verschiedene Eigenschaften geben. Im Fall von G.Y. wird die primäre Sehrinde vielleicht umgangen.

VII

CAPGRAS-ZEICHEN: WENN EIN KRANKER SICH ODER ANDERE PERSONEN FÜR DOPPELGÄNGER HÄLT

Das Capgras-Zeichen ist ein bizarres, unbegreifliches und merkwürdiges Phänomen im Rahmen einer Psychose, das aber auch zeigt, wie vielfältig, kompliziert und sonderbar das menschliche Gehirn sein kann.

Als Capgras-Zeichen wird ein Zustand bezeichnet, in dem die Patienten glauben, sie seien ihre eigenen Doppelgänger bzw. wichtige Personen ihres Umfeldes seien in Wirklichkeit Doppelgänger. Bei Frauen tritt das Capgras-Zeichen häufiger auf als bei Männern. Wir wissen aber nicht warum.

Das Symptom wurde erstmals 1923 von dem französischen Arzt Joseph Marie Capgras in der Fachliteratur beschrieben. Mit einem Kollegen berichtete er über den Fall einer 53-jährigen Frau, die in dem Wahn lebte, die Menschen in ihrer Umgebung seien durch Doppelgänger ersetzt worden.

Capgras und seine Zeitgenossen sprachen auch von einem *Sosia*-Wahn. Damit spielten sie auf eine klassische Geschichte an, die der römische Lustspieldichter Plautus zu einer Komödie der Täuschungen, vertauschten Identitäten und Verführung verarbeitete. Kern des Mythos ist Zeus, der sich in Alkmene, die Gattin des Amphitryon, verliebt. Um sie zu gewinnen, verwandelt er sich in den abwesenden Amphitryon und vollzieht die Ehe mit ihr. Sein Begleiter Merkur tritt in Gestalt von Alkmenes Dienerin *Sosia* auf. Alkmene fällt auf den Schwindel herein. Schließlich gebiert sie Zwillinge: Herakles, den Sohn des Zeus, und Iphikles, den Sohn Amphitryons.

Umgekehrt wie die mythologische Gestalt der Alkmene hielt Capgras' Patientin die echten Personen ihrer Umgebung für deren Doppelgänger: ihren Ehemann, ihre Kinder, die Nachbarn und sogar die Polizisten, die ihr etwas sonderbares Verhalten überprüften – was schließlich dazu führte, dass sie in eine Klinik eingewiesen wurde. Übrigens glaubte die Patientin auch, sie selbst habe eine Doppelgängerin, die sich mit den anderen Doppelgängern verbündet habe, um sie um ihr Vermögen und ihr Erbe zu bringen.

Für die Betroffenen ist das Capgras-Zeichen eine Tragödie. Der durch die Doppelgänger bedingte erschreckende Identitätsverlust bedeutet, dass ein menschliches Grundbedürfnis, das Urvertrauen, verloren gegangen ist.

Das Capgras-Zeichen äußert sich in unterschiedlichen Formen: Patienten glauben, eine bisher vertraute Person habe die physische Gestalt einer anderen angenommen. Oder sie meinen, andere Personen hielten sie für jemand anderen oder eine vertraute Person zeige sich körperlich und seelisch in anderer Erscheinung oder sie selbst haben sich verdoppelt oder seien durch Betrüger ersetzt worden.

Bei welchen Personen kann ein Capgras-Zeichen am ehesten auftreten? Glücklicherweise ist dies ein seltenes Ereignis, das mit bestimmten Formen der Psychose, wie affektiven Störungen und/oder Schizophrenie, einhergehen kann.

Obwohl die Ursache des Capgras-Zeichens möglicherweise in der Kindheit liegt (aber auch das ist nicht sicher), wird es selten vor dem dreißigsten Lebensjahr manifest.

Der Kuriosität wegen will ich deshalb über zwei Fälle berichten, in denen ein Capgras-Zeichen bei Jugendlichen beobachtet wurde.

Im einen Fall trat bei einem 16-Jährigen der Wahn auf, seine Mutter und seine Schwester seien durch Betrüger in deren Gestalt ersetzt worden. Der junge Mann entwickelte diese Wahnvorstellungen nach dem tragischen Tod seiner Freundin, an dem er schuldig zu sein glaubte. Vielleicht war sein Wahn eine Möglichkeit, den Verlust zu verarbeiten.

In dem anderen Fall entwickelte ein 15-jähriges Mädchen das Capgras-Zeichen, nachdem sie zunächst geglaubt hatte, ihr Vater und ihr Bruder hätten ihr Essen vergiftet. Sehr rasch verschlimmerte sich der Zustand des Mädchens, das unzusammenhängend redete, akustische Halluzinationen bekam, verschiedenartige Wahnvorstellungen hatte und unfähig war, bekannte Personen zu identifizieren. Sie glaubte, ihre Mutter sei durch eine Betrügerin ersetzt, einer der Pfleger im Nachtdienst sei ihr Vater und könne ihr Böses antun und eine der Patientinnen auf der Station sei in Wirklichkeit eine Freundin, die eine neue Identität angenommen habe.

Capgras selbst hielt das nach ihm benannte Syndrom für ein seltenes Phänomen, aber das trifft offenbar nicht zu. Tatsächlich scheint das Capgras-Zeichen häufiger aufzutreten als ursprünglich angenommen.

Übrigens kann dieser Wahnzustand auch Gewalttätigkeiten auslösen, nämlich in Form einer heftigen Abwehr dann, wenn sich die Patienten ängstlich und bedroht fühlen. Auch aus einer Studie der Universität Parma geht hervor, dass die Häufigkeit des Capgras-Zeichens offenbar unterschätzt wird und bei Untersuchung von Mordfällen in Familien daran gedacht werden sollte.

Gewalttätigkeiten und Tötungsdelikte in Familien können durchaus durch ein Capgras-Syndrom während einer akuten Psychose ausgelöst werden.

Glücklicherweise lässt sich das Capgras-Syndrom erfolgreich behandeln, indem man das Grundleiden (z.B. eine Psychose) medikamentös versorgt.

Über die Ursache des Phänomens wird immer noch geforscht. Eine neuere Theorie macht eine gestörte Reizleitung/-verarbeitung der Sehnerven verantwortlich. Einer französischen Untersuchung zufolge sind Patienten mit Capgras-Zeichen nicht fähig, eine Person zu identifizieren, die nicht wie sie selbst aussieht.

Das Problem besteht nicht darin, einen Doppelgänger zu erkennen, sondern zu erkennen, dass jemand *kein* Doppelgänger ist. Dabei kann das eigentliche Phänomen des Nichterkennens durch sensorische Deprivation bedingt sein. Dies wiederum bestreiten viele Fachleute. Also muss weiterhin geforscht werden.

Der Junge mit dem halben Gehirn

Ein Junge mit einem halben Gehirn beweist, dass die Plastizität des Gehirns für Sprache bis zur Pubertät erhalten bleibt.

Alex wurde mit einem so genannten Sturge-Weber-Krabbe-Syndrom geboren. Bei diesem Leiden ist die Blutzufuhr zu einer Hirnhälfte, bei Alex war es die linke, gestört. Der Junge bekam regelmäßig epileptische Anfälle. Mit acht Jahren konnte er nur wenige unartikulierte Laute von sich geben und gerade mal »Mama« sagen. Die Ärzte kamen zu der Auffassung, dass die Krämpfe nur aufhören würden, wenn man die geschädigte Hirnhälfte chirurgisch entfernen würde (Hemisphärektomie). Überraschenderweise konnte Alex zwei Jahre nach der Operation wie ein normaler Achtjähriger sprechen. Inzwischen ist Alex ein Teenager. Seine Sprachentwicklung hat zwar nicht das Niveau eines Erwachsenen, aber der Neuropsychologe, der ihn betreut, findet, dass Alex' Sprachvermögen besser ist, als man nach seinem Intelligenzquotienten erwarten würde.

Katastrophe Hirninfarkt

Ein Schlaganfall ist ein »Infarkt im Gehirn«. Genauso wie Herzinfarkte durch die Blockierung von Blutgefäßen im Herzen verursacht werden, so kommt es zu Schlaganfällen meist durch Blockierung von Blutgefäßen im Gehirn. Bei beiden Infarktarten wird durch das verstopfte Blutgefäß das umgebende Gewebe von der Versorgung mit lebenswichtigem Sauerstoff und Nährstoffen abgeschnitten. Der Tod der Zellen ist die Folge. Aus den Handicaps eines Schlaganfallpatienten (Lähmung, Sprachstörung usw.) kann der behandelnde Arzt schließen, an welcher Stelle des Gehirns der Infarkt aufgetreten ist.

VIII

COTARD-SYNDROM – NIHILISTISCHER WAHN ODER WAHNHAFT GESTEIGERTER NIHILISMUS

Manchmal leugnet das Gehirn seine eigene Existenz; man könnte von einer nicht mehr zu steigernden Selbstverleugnung sprechen.

Menschen, die an dem seltenen Cotard-Syndrom erkrankt sind, glauben, dass sie oder Teile ihres Körpers nicht vorhanden oder dass sie tot sind. Sie leiden an einer extremen Form nihilistischen Wahns. So wie sie sicher sind, nicht zu existieren, können sie ebenfalls überzeugt sein, dass um sie herum niemand existiert, dass die Welt nicht existiert – kurz: dass überhaupt nichts existiert.

Manchmal glauben Patienten mit Cotard-Syndrom, es fehlten ihnen große Körperteile wie z.B. das Herz oder das Gehirn. Sie können aber auch dem Wahn erliegen, dass ihr Körper ungeheuer groß sei, etwa wie der weite Himmel oder das Universum. Im Übrigen sind sie stark suizidgefährdet, halten sich aber mitunter ironischerweise für unsterblich.

Ihre vermeintliche Unsterblichkeit prüfen Cotard-Patienten häufig, indem sie sich großen Gefahren aussetzen, oder durch wiederholte Selbstverletzung und Selbstmordversuche. In jedem Fall beschäftigen sich die Betroffenen ausgiebig mit dem Tod und verlangen nicht selten, man möge sie töten. In einem klassischen Fall war ein Mann Tag und Nacht von einer Stimme besessen, die ihm sein Todesurteil vorlas und die Foltern beschrieb, die ihm bevorstanden.

Oft begleitet das Cotard-Syndrom chronische Depressionen, Täuschungen, Halluzinationen und Gedächtnisverlust. Manchmal ist es mit einer Schizophrenie verbunden.

Das Syndrom ist nach dem französischen Psychiater Jules Cotard genannt, der erstmals Patienten mit dieser Symptomatik 1880 beim Treffen der Société Médico-Psychologique in Paris beschrieb und ihnen später in seinem Werk *Les maladies cérébrales et mentales* (1891) ein Kapitel widmete. Cotard beschrieb verschiedene Schweregrade der Krankheit. Bei den leichten Formen quält die Erkrankten ein Gefühl der Verzweiflung und des

Selbsthasses. Die schwereren Formen bringen den Patienten zunehmend das Gefühl, dass sich ihr Inneres und die Außenwelt verändern. Nach Cotards Ansicht gipfelt die Veränderung darin, dass der Patient schließlich seine eigene Existenz leugnet.

Ein Cotard-Syndrom tritt gewöhnlich im mittleren Alter auf, bei Frauen häufiger als bei Männern, was aber bisher nicht erklärt werden kann. Oft beginnt es aus heiterem Himmel, ohne dass die Anamnese eine psychiatrische Störung ausweist. Die Kindheit der Erkrankten wird meist als völlig normal verlaufen geschildert. Charakteristischerweise geht aber der Symptomatik eine Phase zunehmender Angst voraus, die wenige Wochen bis mehrere Jahre dauern kann. Aber auch das ist verwirrend. Die anfängliche Angst ist oft vage und diffus, wobei die damit einhergehende Reizbarkeit häufig das einzige erkennbare äußere Zeichen ist. Eine Patientin, die einige ihrer Körperteile leugnete, äußerte sich wie folgt:

»Früher hatte ich ein Herz. Jetzt klopft irgendwas an seiner Stelle. Auch mein Magen ist weg, ich habe nie Hunger. Beim Essen erkenne ich den Geschmack der Speisen, aber sobald ich sie runtergeschluckt habe, spüre ich nichts mehr. Es ist, als fiele das Essen in ein Loch.«

Im Verlauf der Krankheit kann es dazu kommen, dass die Patientin gar ihre Existenz leugnet und sogar strikt auf den Gebrauch des Personalpronomens verzichtet. Eine Kranke sprach von sich als Null, um ihr Nichtvorhandensein zu betonen. Eine andere nannte sich nutzlos und verlangte, dieses nutzlose Ding in den Müll zu werfen und zu entsorgen.

Obwohl Cotard-Patienten in einen so schlimmen Zustand von Verzweiflung geraten können, dass sie das Verlangen überwältigt, nicht vorhanden zu sein, erscheint ihnen der Tod undenkbar und sie entwickeln Ideen, unsterblich zu sein. Das ist die allergrößte Verzweiflung: sterben wollen, aber zum immerwährenden Dasein im Zustand des Nichts, der an Kierkegaards lebende Hölle erinnert, verdammt zu sein.

Viele Cotard-Patienten stehen unter einem Zwang zur Selbstverletzung und Selbstzerstörung, neigen zu Suizid, Ideation (gestörter Bewegungsentwurf) und zu Halluzinationen, beispielsweise Geschmacks- und Geruchshalluzinationen. Manche Patienten sind von der Vorstellung durchdrungen, sie vermoderten, ihr Essen sei total verändert oder man biete ihnen Dreck, Kot oder Menschenfleisch zum Essen an. Paradox ist, dass die Patienten, die tot zu sein oder niemals sterben zu können glauben, dennoch versuchen, sich zu zerstören.

Von Anfang an stritten die Psychiater, ob dem Cotard-Syndrom überhaupt der Stellenwert einer Krankheit zuerkannt werden dürfe. Manche behaupten, dass die klinische Symptomatik dies nicht rechtfertige. Sie finden, das Cotard-Syndrom sei eher als Untergruppe der Depression oder als eine Sonderform von Wahn aufzufassen.

Das Cotard-Syndrom soll multifaktorielle Ursachen haben. Unter anderen werden Störungen der Gehirnstruktur selbst sowie toxische Wirkungen oder Stoffwechselkrankheiten verantwortlich gemacht. Ebenso wurden verschiedenartige diffuse Erkrankungen des Gehirns, eine Atrophie der Ganglien an der Basis des Gehirns und Läsionen des Scheitellappens genannt.

Mit bildgebenden Verfahren wie der Magnetresonanztomographie wurde jedoch nachgewiesen, dass der Scheitellappen bei Patienten mit Cotard-Syndrom ganz normal ist, dass aber im medialen Teil des Stirnlappens zahlreiche Herde mit atrophischem Hirngewebe vorhanden und die Furchen zwischen den Hirnwindungen verbreitert sind.

Möglicherweise spielt auch eine Störung der β-Endorphine beim Cotard-Syndrom eine Rolle. β-Endorphine sind an der Schmerzverarbeitung, der Verhaltensmodulation und an der Regulation des Hormonhaushaltes beteiligt.

Ein sehr interessanter Befund ist der eines 27-Jährigen, der ein Cotard-Syndrom entwickelte, nachdem er an Typhus erkrankt war.

Insgesamt ist das Cotard-Syndrom ein seltenes Ereignis. Die Statistik weist eine Häufigkeit von unter einem Prozent bei psychiatrischem Krankengut aus.

Die meisten Patienten mit einem Cotard-Syndrom leiden unter einer endogenen Depression. Am häufigsten sind dabei nihilistische Wahnvorstellungen, dass dem Patienten Körperteile fehlen oder er überhaupt nicht vorhanden oder aber dass er unsterblich sei. Diese Patienten werden außerdem von ausgeprägten Angst- und Schuldgefühlen geplagt.

Was immer jedoch das Cotard-Syndrom verursacht, eines steht fest: Es bedeutet die äußerste Selbstverleugnung.

Fallgeschichte: Neil

Die Krankengeschichte des 26-jährigen Neil stellt ein ziemlich typisches Beispiel eines Cotard-Syndroms dar.

Neil war ein Einzelkind. Seine Kindheit verlief ziemlich normal. Er war zwanzig, als seine Eltern bei einem Flugzeugunglück ums Leben kamen. Neil war tief religiös und die Tragödie warf ihn um und verbitterte ihn. Er gab seinem Lebenswandel die Schuld am Tod seiner Eltern (Strafe Gottes), vereinsamte und zog sich von allen Beziehungen und Aktivitäten zurück. Er fiel an der Universität durch die Prüfungen, probierte harte Drogen aus und machte allenfalls halbherzige Versuche, irgendwas Vernünftiges zu tun. Kurze Zeit interessierte er sich für spirituelle Themen, vor allem für Reinkarnation. Das Erbe seiner wohlhabenden verunglückten Eltern ermöglichte ihm praktisch ein sorgenfreies Einsiedlerleben.

Schließlich konnte der langjährige Hausarzt Neil überzeugen, dass er psychiatrische Hilfe brauchte. Dem Psychiater stellte er sich in dem Wahn vor, seinen Körper verloren zu haben. Neil verneinte hartnäckig, eine bestimmte Größe, ein Gewicht, einen Kopf, einen Rumpf und Gliedmaßen zu haben – angeblich fehlte ihm jegliche Körperlichkeit. Er bestritt, zu essen, zu trinken, Blase und Darm zu entleeren; er konnte auch nicht erklären, warum er sich ankleidete, wenn er überhaupt jemals das Haus verließ. In einer Phase der Therapie wurde Neil aufgefordert, ein Glas Wasser zu trinken. Danach sollte er erklären, wo das Wasser hinfloss. Neil erwiderte, dass es »verdunstete«. Wenn Neil gedrängt wurde, diese und andere Ungereimtheiten zu erklären, hüllte er sich entweder in Schweigen oder sagte bloß: »Weiß nicht.« Er scheint bei seinen Antworten keine Widersprüche oder Probleme zu erkennen. Neil befindet sich nach wie vor in Psychotherapie.

Fantasien à la Cotard

Fantasien, die an ein Cotard-Syndrom erinnern, finden manchmal in Filmen oder in der Literatur ihren Ausdruck. Beispielsweise wird in dem 1957 gedrehten Streifen *The Incredible Shrinking Man,* einem klassischen Science-Fiction-Film (nach einem Roman und Drehbuch von Richard Matheson) ein Mann porträtiert, der rätselhafterweise immer kleiner wird. Dies verändert auf dramatische Weise seine Selbsteinschätzung und seine Weltsicht. Während er immer weiter schrumpft, bis er die Größe eines Atoms erreicht, überlegt er: Wenn ich so klein werde, gehe ich auf im Universum.

Das narzisstische Gehirn

Sucht man das Gegenteil eines Cotard-Syndroms, dann wird man fündig bei der extremen Selbstliebe, dem Narzissmus.

Der Begriff geht auf Narziss, eine Gestalt aus der griechischen Mythologie, zurück: Narziss erblickte sein Spiegelbild in einem Teich und wurde von einer tiefen, tragischen Liebe zu seinem Bild erfasst. So fasziniert war er von seinem verführerischen Abbild, dass er den Blick nicht einmal davon wenden konnte, um zu essen, sodass er schließlich verhungerte.

Narzisstisch gestörte Menschen sind stark von der mythologischen Gestalt inspiriert. So wurde beispielsweise nachgewiesen, dass Narzissten mit ihrer ohnehin hohen Selbsteinschätzung ihre persönlichen Vorzüge noch viel stärker bewundern, nachdem sie Videos von sich betrachtet haben. Narzisstische Persönlichkeiten suchen und genießen außerdem jede Möglichkeit, sich im Spiegel zu betrachten, sich auf sich selbst zu konzentrieren und ihre überhöhte Selbsteinschätzung zu pflegen.

In einem Versuch mit 130 Studenten stellte sich bei einem knappen Drittel ein erhöhter Narzissmusfaktor heraus. Anders als ihre nicht-narzisstischen Kommilitonen sahen sie lieber Videos von sich als von anderen und schauten gern in Spiegel, um sich wohler zu fühlen. In einem anderen Versuch, in dem 62 narzisstische und 62 andere Personen eine einfache Aufgabe lösen sollten, urteilten anschließend neutrale Beobachter, dass das Leistungsniveau der Individuen beider Gruppen keine oder allenfalls geringe Unterschiede aufwies. Allerdings bewerteten die narzisstischen Probanden ihre eigene Leistung weitaus höher als die nicht-narzisstischen die ihre. Fazit: Narzissten haben definitiv eine sehr hohe Meinung von sich, die nur wenige teilen.

Narzissten leben von der Aufmerksamkeit, die andere ihnen oder sie sich selbst entgegenbringen. Bei narzisstischen Persönlichkeiten ist der Drang zur Selbstüberschätzung stärker und leichter aktivierbar, weil sie wesentlich empfänglicher sind für eine Bedrohung ihrer grandiosen Selbsteinschätzung. Wenn man daher Narzissten gestattet, sich von außen zu betrachten, kann dies ihre bereits überhöhte Selbsteinschätzung noch verstärken.

Das aristokratische Gehirn

Der legendäre spanische Neurologe Santiago Ramon y Cajal (1852–1934) soll gesagt haben, die Zellen des menschlichen Gehirns seien »die Aristokraten unter den Bausteinen des Körpers«. Wie Aristokraten sind sie anspruchsvolle Verbraucher von Ressourcen. Obwohl das Gewicht des Gehirns nur zwei Prozent des Körpergewichts ausmacht, wird es ununterbrochen von etwa 15 Prozent des gesamten Blutes durchströmt und verbraucht 20 Prozent des Sauerstoffs und der Nährstoffe. Doch im Gegensatz zu den Aristokraten, die ja oft auf Kosten der Gesellschaft lebten, arbeiten die Gehirnzellen schwer, damit der Körper funktionieren kann.

Bornaviren – unwillkommene Gäste im Gehirn

Kann man sich mit einer Geisteskrankheit genauso anstecken, wie man eine Erkältung bekommt? Generationen haben geglaubt, dass Geisteskrankheiten nicht ansteckend sind. Eine Gruppe deutscher Biologen behauptet jedoch, bestimmte Formen von Geisteskrankheit könnten durch ein Virus verursacht sein. Lange Zeit wurden Verhaltensanomalien von Tieren, z.B. Pferden, auf Bornaviren, die zur Familie der RNA-Viren gehören, zurückgeführt. Neuerdings hat sich herausgestellt, dass dieses Virus auch menschenpathogen ist und für manisch-depressive Symptome verantwortlich sein kann. Bornaviren wurden bei Patienten mit dieser Symptomatik nachgewiesen. Wurden diese Viren Versuchstieren injiziert, dann lösten sie bei diesen ausgeprägte Verhaltensauffälligkeiten aus. Frühere Untersuchungen hatten ergeben, dass bei der jeweils infizierten Spezies unterschiedliche Virusstämme aktiv waren. Auch das menschenpathogene Bornavirus unterscheidet sich von den bei Tieren nachgewiesenen, folglich waren die deutschen Patienten Opfer eines Bornavirusstamms, der bei menschlichen Populationen vorkommen kann und vermutlich durch Tröpfcheninfektion übertragen wird. Damit eröffnet sich bei den Geisteskrankheiten ein neues Forschungsgebiet.

IX

DAS BEGEHRLICHE GEHIRN

Warum haben wir ein starkes Verlangen nach bestimmten Dingen? Zum Beispiel nach einer Zigarette, einem Glas Bier oder dem Gipfel kulinarischer Wonnen – Schokolade.

Warum sind so viele Menschen gierig nach Schokolade? Die Frage lässt sich vielleicht mit biochemischen Prozessen im Gehirn beantworten.

Schokolade enthält nämlich eine auch im Gehirn vorhandene, den Kreislauf anregende und munter machende Substanz namens Phenylethylamin. Die Phenylethylamin-Konzentration ist übrigens im Gehirn Verliebter erhöht. Es beschleunigt die Herzfrequenz, mobilisiert die Kraftreserven und kann zu einem leicht verträumten Glücksgefühl beitragen. Oft haben Menschen eine Gier nach Schokolade, nachdem sie sich von ihrem/ihrer Geliebten getrennt haben.

Psychiater haben die Hypothese entwickelt, dass die Gier nach Schokolade den unbewussten Versuch darstellt, den Phenylethylamin-Spiegel zu erhöhen, um die emotionale Hochstimmung und den »Kick des Verliebtseins« wiederherzustellen. Dagegen wird von sachkundiger Seite eingewandt, dass nicht der unter Liebeskummer Leidende sich mit Schokolade zu trösten sucht. Vielmehr versuche ein Mensch auf Schokoladenentzug verzweifelt, sich mit der Verliebtheit eine blasse Annäherung an die bittersüße Euphorie zu verschaffen.

Dieser Streit ist aber möglicherweise müßig. Bedauerlicherweise gelangt nämlich das Phenylethylamin aus Nahrungsmitteln nicht bis ins Gehirn. Vielleicht ist es ja bloß der Duft von Schokolade, der unsere Manie erklärt; denn Kakao, die Grundsubstanz der Schokolade, ist ein Gemisch aus mehr als fünfhundert Geschmackskomponenten – das ist mehr als doppelt so viel wie einfachere Süßigkeiten aus Erdbeeren oder Limonen enthalten. Außerdem ist Schokolade reich an flüchtigen Substanzen, die vom Rachen in die Nase heraufziehen und ihr fruchtige, erdige, malzige und blumige Aromen zufächeln. Dazu kommt das samtige, schmelzende Gefühl der Schokolade, die sich einfach bei Körpertemperatur auf unserer Zunge langsam verflüssigt.

An der Universität von Kalifornien in Los Angeles wurden anhand von Teilnehmern einer Tagung über Schokolade, von denen sich 53 Prozent als »Schokoholics« bezeichneten, mögliche Unterschiede in der Persönlichkeit Schokoladensüchtiger untersucht. Diese Gruppe wurde mit einer nach dem Zufallsprinzip zusammengestellten Gruppe verglichen. Psychologisch waren die bekennenden »Schokoholics« im Großen und Ganzen normal. Allerdings stellte sich heraus, dass sie gewisse Ähnlichkeiten mit hysteriform verstimmten Persönlichkeiten aufwiesen – mit depressiven, meist weiblichen Patienten, die ungeheuer viel Zeit für die Suche nach einer romantischen Beziehung und nach Selbstbestätigung aufwenden, immer wieder infolge von Zurückweisung in ein depressives Loch fallen und in diesem Zustand hemmungslos und gierig Süßigkeiten verschlingen.

Manchen Medizinern gilt Schokolade nur als ein weiterer »gesunder Genuss«, den wir uns unbeschwert und ohne Schuldgefühle gönnen sollten. Glaubt man ihnen, dann sind Schuldgefühle schädlicher für die Gesundheit als die Schokolade und die Schokolade ist nicht annähernd so ungesund, wie uns bisher weisgemacht wurde. So soll Schokolade auch keine Zahnschäden verursachen, ganz im Gegenteil enthalte Schokolade Substanzen, die anscheinend den Zahnschmelz schützen und damit Zahnschäden verhüten helfen.

Ungeachtet dieser Lobpreisungen, die man glauben kann oder nicht: Schokolade hat auch eine finstere Seite. Sie kann nämlich Migräne auslösen. Längst hat sich die unter Medizinern verbreitete Annahme bestätigt, dass Nahrungsmittel den klassischen Migräneanfall hervorrufen können, der sich – zumeist bei Frauen – in Form heftigster einseitiger Kopfschmerzen äußert. Neben ursächlich verantwortlichen Nahrungsmitteln wie Natriumglutamat (China-Restaurant!), reifem Käse oder Rotwein ist leider auch Schokolade zu nennen.

Einiges spricht dafür, dass Schokolade im Gehirn ähnlich wirken könnte wie Marihuana. Die psychoaktive Wirkung von Marihuana wird durch Cannabinoide, hauptsächlich durch Tetrahydrocannabinol (THC), erzielt. Anscheinend enthält Schokolade mit Cannabinoiden verwandte Substanzen. Sowohl in Schokolade als auch in Kakaopulver findet sich Anandamid, ein Ester ungesättigter Fettsäuren mit Cannabis-ähnlicher Wirkung, der an THC-Rezeptoren im Gehirn bindet. Freilich ist der Anandamid-Gehalt der Schokolade so gering, dass man mindestens zehn Kilo verspeisen müsste, um einen ähnlichen »High-Zustand« wie bei einem normalen Joint zu erleben.

Die Azteken verehrten die Kakaobohne als ein Geschenk der Götter. Warum wir Schokolade so schätzen, ist immer noch ein süßes Geheimnis des Lebens. Nicht einmal die Osterhasen aus Schokolade geben es preis.

Die Eisenstange im Gehirn

Das Unglück, das 1848 Phineas Gage, einen 25-jährigen Vorarbeiter bei einer Eisenbahngesellschaft im Staat Vermont ereilte, ging in die Geschichte der Medizin ein. Gage war dabei, mit einer fast zwei Meter langen Eisenstange von gut drei Zentimetern Durchmesser und sechs Kilo Gewicht eine Sprengladung festzustampfen, als diese unerwartet explodierte. Durch die Explosion schoss das Eisen mit dem spitzen Ende voraus wie ein Speer in Gages linke Wange, durchbohrte die Schädelbasis und den vorderen Teil seines Gehirns und schlug durch das Schädeldach wieder heraus. Die Wucht war so groß, dass die Stange, mit Gehirnmasse verschmiert, erst nach etlichen Metern zu Boden fiel. Wie durch ein Wunder überlebte Gage seine schwere Verletzung um 13 Jahre, freilich um den Preis einer schweren Persönlichkeitsveränderung.

Pizza im Kopf

Die äußere Schicht unseres Gehirns, die Hirnrinde, besteht aus sechs dünnen aufgefalteten Lagen von Nervengewebe, dessen Zellen in charakteristischer Weise angeordnet sind. Würde man die gefaltete Oberfläche beider Hirnhälften glatt bügeln, dann erhielte man annähernd runde dünne Fladen von ca. 30 Zentimetern Durchmesser.

Sehen und berühren

Viele Leute glauben, dass der Verlust einer Sinnesfunktion die Funktionen der restlichen Sinne verstärkt. Japanische Forscher haben jedoch nachgewiesen, dass die Sehrinde (ein Rindenfeld, das normalerweise optische Informationen verarbeitet) bei blinden Menschen Funktionen des Berührungsfeldes mit übernimmt. Positronenemissionstomographien (PET) von Blinden zeigten, dass Neuronen, die normalerweise dem Sehen dienten, sich einfach anpassten und Informationen aus den Fingerspitzen zu verarbeiten lernten. Die sensorische Fähigkeit nahm nicht etwa zu – sie wurde nur verschoben.

X

DAS VERBRECHERISCHE GEHIRN

Gibt es überhaupt so etwas wie ein »kriminelles Gehirn«? Unterscheidet sich das Gehirn eines Kriminellen irgendwie von dem eines gewöhnlichen gesetzestreuen Bürgers? Überraschenderweise kann diese Frage manchmal mit Ja beantwortet werden.

Neuere Forschungsergebnisse deuten darauf hin, dass es im Gehirn mancher Krimineller einen Mechanismus geben könnte, der das so genannte kriminelle High hervorbringt. Das heißt, ein Verbrechen erzeugt in bestimmten Individuen eine »unterdrückte physiologische Erregung«. Daher versuchen sie unbewusst, ihr Erregungs-Niveau zu steigern, indem sie kriminelle Handlungen begehen – so wie andere Leute sich ihren »Kick« verschaffen, indem sie gefährliche Sportarten betreiben, z.B. Bergsteigen oder Fallschirmspringen.

Theoretisch haben die Menschen ganz unterschiedliche Erregungs-Niveaus. Bei manchen sind sie höher, bei anderen niedriger. Das Erregungs-Niveau kann man messen. Übrigens bleibt es zeitlebens gleich.

Insgesamt gesehen haben Kriminelle ein merklich niedrigeres Erregungs-Niveau als Nichtkriminelle. Folglich, so die Theorie, müssten Messungen dieses Parameters bei Heranwachsenden eine Prognose erlauben, ob der/die Getestete ein größeres oder kleineres Risiko hat, später einmal kriminell zu werden.

Gegen diese Theorie gibt es viele Einwände. Allerdings hat eine Gruppe von Wissenschaftlern an der Universität von Südkalifornien in Los Angeles überzeugende Hinweise gefunden, die für die Theorie sprechen.

Die Wissenschaftler berichteten 1990 über eine nach zehn Jahren erfolgte Nachuntersuchung an 101 britischen Schülern, dass sich mithilfe von drei physiologischen Markern des Erregungs-Niveaus tatsächlich voraussagen ließ, ob die jeweils getesteten jungen Männer zehn Jahre später kriminell auffällig werden würden.

Wie die Forscher zu diesem Schluss kamen, ist ebenfalls interessant. 1978 hatten sie an 101 14-jährigen Schülern verschiedene physiologische Parameter bestimmt. 1988 prüften die Forscher die computerisierten Daten schwerer Verbrechen, die ihnen die britische Regierung überließ, wobei sich herausstellte, dass von den 101 inzwischen 24-jährigen jungen Männern 17 in den zurückliegenden zehn Jahren straffällig geworden waren. Die häufigsten Delikte waren Einbrüche und Diebstahl und fünf der 17 jugendlichen Kriminellen hatten dafür einige Zeit im Gefängnis verbracht.

Nun untersuchten die Forscher die früher bestimmten physiologischen Parameter der 17 jugendlichen Delinquenten. Entsprechend ihrer Hypothese fanden sie, dass bei diesen jungen Männern, verglichen mit den 84 nicht kriminell gewordenen Jugendlichen, zehn Jahre zuvor ein niedrigeres Erregungs-Niveau gemessen worden war. Insbesondere wiesen diese 17 Jungen damals signifikant niedrigere Werte der Marker Herzfrequenz, elektrische Aktivität der Haut und des Gehirns auf.

So verführerisch die Theorie auch sein mag, meinen die Forscher doch einschränkend, dass neben Parametern der Gehirn- und Körperfunktionen wahrscheinlich auch äußere Faktoren zur Erklärung der Kriminalität berücksichtigt werden müssten:

Die psychophysiologischen Unterschiede zwischen Kriminellen und Nichtkriminellen sind offenbar nicht durch soziale und demographische Unterschiede bedingt, denn sämtliche Zusammenhänge zwischen diesen Variablen und den gemessenen Erregungs-Niveaus waren gering und nicht signifikant. Allerdings könnten andere äußere Faktoren, die in dieser Studie nicht bestimmt wurden, den Zusammenhang zwischen Verbrechen und Erregung herstellen, denn andere Studien deuten darauf hin, dass bei der Entwicklung antisozialen Verhaltens soziale Faktoren (z.B. gesellschaftliche Klasse) mit biologischen Faktoren interagieren.

Die Vorstellung, dass die Gehirne von Kriminellen anders ticken, hat tief greifende Folgen für die Justiz und für Resozialisierungsmaßnahmen. Nachweislich lassen sich verlorene Funktionen bei hirnverletzten Patienten durch kognitive Therapie teilweise wiederherstellen. Sollte eine solche Therapie tatsächlich dazu beitragen können, das Gehirn von Kriminellen so zu stabilisieren, dass eine verminderte Aktivität der frontalen Hirnrinde kompensiert wird, dann müssten sich die Veränderungen des Gehirns bildlich darstellen lassen. Für die Aussetzung einer Strafe zur Bewährung könnte dann eine Positronenemissionstomographie (PET) entscheidend sein.

Aus weiteren Untersuchungen geht hervor, dass andere, konkretere Faktoren als Ursache kriminellen Verhaltens am Werk sein können. Beispielsweise kann die Tatsache, dass der Organismus Blei und Cadmium nicht verarbeiten kann, eine Anreicherung dieser Gifte im Körper bewirken und in der Folge zu einer Schädigung des Gehirns führen – und letztlich bei Kriminalität eine Rolle spielen. Daher nehmen einige Mediziner an, dass sich bei einer hohen Konzentration von Blei und Cadmium im Blut kriminelles Verhalten prognostizieren lässt, insbesondere gewalttätiges kriminelles Verhalten. Erhöhte, nichttoxische Blei- und Cadmiumkonzentrationen, die entweder einzeln wirken oder miteinander interagieren, werden seit langem für Lern- und Verhaltensschwierigkeiten verantwortlich gemacht.

In einer Untersuchung an 49 Männern im Alter von 19 bis 48 Jahren, die in einer Anstalt für psychiatrisch gestörte Kriminelle inhaftiert waren, forderte man das Wachpersonal auf, die Gefangenen entsprechend ihrer Aggressivität den Gruppen »ausgeprägt« oder »gering« zuzuordnen. Als Grundlage der Beurteilung dienten die Kriminalanamnese sowie das aktuelle Verhalten während der Haft. Die ausgeprägt aggressiven Männer wurden als »gewalttätige Gruppe« bezeichnet, die mäßig gewalttätigen als »nicht-gewalttätige Gruppe«. Von den 49 Untersuchten wurden 30 der gewalttätigen und und 19 der nicht-gewalttätigen Gruppe zugeordnet.

Die 30 gewalttätigen Männer, unter ihnen wegen Mordes, versuchten Mordes, Körperverletzung, bewaffneten Raubüberfalls und schwerer Vergewaltigung Verurteilte, zeigten hoch aggressives Verhalten auch in der Anstalt. Bei den 19 der nicht-gewalttätigen Gruppe lag zwar auch eine umfangreiche kriminelle Anamnese vor, doch handelte es sich bei ihren Vergehen um gewaltlose Einbrüche oder geringere Delikte, und in der Anstalt wurden sie selten, wenn überhaupt, gewalttätig.

Eine vergleichende Untersuchung der Blei- und Cadmiumkonzentrationen bei beiden Gruppen ergab, dass die Blutspiegel dieser Substanzen bei den gewalttätigen Männern deutlich erhöht waren. Dagegen gab es keinen sicheren Zusammenhang mit Tabakkonsum, Amphetaminen und verschiedenen anderen Variablen.

Aus diesen Untersuchungen könnte man schließen, dass sowohl Blei als auch Cadmium insofern mit Aggressivität zusammenhängen, als ein Krimineller, bei dem die Konzentration beider Stoffe im Blut erhöht ist, wahrscheinlich auch gewalttätig ist.

Wenn also jemand ein Verbrechen begeht, kann sowohl das Gehirn als auch der Körper daran schuld sein.

Autoantenne im Gehirn?

1996 rammte sich Troy Harding, ein 19-jähriger Mann aus Portland im US-Bundesstaat Oregon, beim Autowaschen die Spitze der Radioantenne seines Pkws durch die Nase ins Gehirn. Er war gestolpert, als er sich von seinem Wagen wegdrehte, hatte dabei das Gleichgewicht verloren und war mit dem Gesicht in die Antenne gestürzt. Wie der Degen eines Fechters durchstieß ein ca. 9 Zenti-

meter langes Stück der Antenne eine Nebenhöhle, gelangte ins Gehirn und schrammte bis an die Hirnanhangsdrüse. Gleichzeitig kam es zu einem Blutverlust von etwa einem halben Liter. Harding gelang es, sich von der Antenne zu befreien. Nach drei Wochen im Krankenhaus wurde er entlassen. Der Neurochirurg, der ihn behandelte, hofft, dass sein Patient vollständig genesen wird, da bei dem Unfall glücklicherweise keine Hirnteile zerstört wurden.

Alien-Hand-Syndrom – wenn die Hand sich selbstständig macht

Im Film *Dr. Strangelove*, einem 1964 gedrehten Klassiker schwarzen Humors mit Peter Sellers in der Hauptrolle, kann der Protagonist nicht verhindern, dass sein künstlicher Arm sich immer wieder zum Nazigruß erhebt. Auch hier findet sich eine Parallele im wirklichen Leben. In der Psychiatrie spricht man von einem Alien-Hand-Syndrom. Es handelt sich um ein so genanntes Diskonnektionssyndrom, eine seltsame neurologische Störung, die auf einer Verletzung des »Balkens« beruht, der Verbindung zwischen den beiden Hirnhälften. Bei den Betroffenen benimmt sich die linke Hand beim Rechtshänder und die rechte Hand beim Linkshänder auf eine unkontrollierbare, eigentümliche Weise. Gelegentlich passiert es sogar, dass die »fremde« Hand aggressiv wird und den Patienten zwickt, schlägt oder boxt. In einem Fall ging dies so weit, dass die »abgekoppelte« Hand ihren Besitzer zu erwürgen versuchte. Die entfremdete Hand benimmt sich, als würde sie von einem eigenen Gehirn gesteuert, ohne dass der Patient etwas dagegen tun kann.

Was rastet, das rostet

Wieder einmal wurde die Gültigkeit des Leitsatzes »Was rastet, das rostet« für die Entwicklung des Gehirns nachgewiesen, und zwar an Kindern mit grauem Star. Anders als Erwachsene nach dem gleichen Eingriff blieben die Kinder blind, auch nachdem der Star operiert worden war, weil die zum Sehen benötigten Nervenbahnen bei diesen Kindern nicht reifen konnten.

Wachtel oder Huhn?

Bahnbrechende Experimente haben bewiesen, dass manche instinktive Verhaltensweise zwischen verwandten Tierspezies übertragen werden kann, indem man Hirnzellen des einen auf ein anderes Tier transplantiert. So konnten bestimmte Verhaltensweisen von Hühnchen auf Wachteln übertragen werden und umgekehrt, indem man Hühnerembryonen im frühen Entwicklungsstadium Nervenzellgewebe entnahm und zwischen die Nervenzellen gleich alter Wachtelembryonen implantierte. Bei den übertragenen Verhaltensweisen handelte es sich um spezifische Geräusche und Kopfbewegungen, die jede Spezies während ihres Wachstums entwickelt. Zwar starben die Tiere vierzehn Tage, nachdem sie geschlüpft waren, aber dies genügte, um zu beweisen, dass sie die Hühnersprache der Spenderspezies übernommen hatten.

XI

DAS EUPHORISCHE GEHIRN

Warum nehmen Menschen Drogen, um »high« zu werden?

Eine umstrittene Antwort lautet, dass wir uns aus demselben Grund in bewusstseinsverändernde Zustände versetzen, aus dem wir essen, trinken und Sex haben wollen. Ebenso wenig zu unterdrücken wie unsere drei primären Triebe Hunger, Durst und Sex ist ein vierter Trieb, der Wunsch nach drogeninduzierten »Höhenflügen«. Diese radikale Ansicht vertritt der Psychopharmakologe Dr. Ronald Siegel, der meint, dass der Drang des Menschen nach Drogen universal und unentrinnbar sei.

Siegel behauptet, wir hätten unsere Lust auf Drogen von anderen Lebewesen übernommen – alle Tierarten und alle Kulturen überall auf der Erde hätten ihre bevorzugten Drogen und ihre Lieblingshalluzinogene. In der Tat gehört die Einnahme von Drogen zur Bewusstseinsveränderung seit jeher zum menschlichen Verhalten. Ob es sich um verbotene Stoffe wie Kokain, Opium oder Marihuana handelt oder um legale Drogen wie Alkohol, Nikotin oder Koffein – Drogen werden zeit- und artenübergreifend benutzt.

Siegel zufolge suchen ungezählte Tierarten, vom Käfer bis zum Elefanten, Pflanzen, die ihnen verschiedene Arten von »Highs« verschaffen. Beispielsweise lieben Vögel den Alkohol und schon viele verfingen sich und verendeten elend in Fallen, die mit Alkohol präpariert waren. Viele Leute, die Stare als Haustiere hielten, haben beobachtet, wie gern die Vögel sich über Wein und andere alkoholische Getränke hermachten. Von Waschbären ist bekannt, dass sie jede Gelegenheit nutzen, Alkohol ausfindig zu machen und sich mit Genuss einzuverleiben. Manche sind sogar imstande, Flaschen zu öffnen und Korken herauszuziehen.

Die Leidenschaft von Schweinen – insbesondere der Piétrain-Rasse – für Trüffel beruht darauf, dass diese Edelpilze das Steroidhormon Androstenol enthalten, das in den Hoden des

Ebers gebildet wird und in die Speicheldrüsen gelangt, aus denen es während der Brunft ausgeschüttet wird. Androstenol macht die männlichen Tiere sexuell aktiver und bewirkt bei den weiblichen Tieren, dass sie während der Paarung stillhalten.

Koala-Bären sind wahre Süchtige. Sie sind abhängig von den potenziell gefährlichen Inhaltsstoffen in den Blättern des Gummibaums, ihrer bevorzugten Nahrung, deren Blätter u.a. Cyanide, das sind Salze der Blausäure, enthalten. Diese wirken anästhetisch und keimtötend, was den australischen Ureinwohnern schon immer bekannt war, und können die Körpertemperatur sowohl senken als auch erhöhen. In kalten Gegenden wählen Koalas Blätter, die Phenanthren enthalten, ein die Körpertemperatur steigerndes Anthracen-Isomer, während sie in wärmeren Gegenden cineolhaltige Blätter fressen. Cineol wiederum ist ein temperatursenkendes ätherisches Öl, das in den Blättern verschiedener Eukalyptusbäume enthalten ist.

Siegel weist darauf hin, dass Affen, Menschenaffen und andere nicht-menschliche Primaten eine Vorliebe für Pflanzen haben, die sie »high« machen. Bereits Charles Darwin stellte fest, dass Affen ebenso nikotinsüchtig werden können wie Menschen. Siegel zufolge zeigen nicht-menschliche Primaten sogar im geräumigen Laborgehege einen bemerkenswerten Hang, sich mit Drogen vollzustopfen. Sei es zu Forschungszwecken, aus Neugier, zur Stimulation, zur Beruhigung, gegen Langeweile oder Depression – Primaten im Labor nützen bereitwillig jede Gelegenheit, um sich alle möglichen Rauschmittel einzuverleiben.

Siegel behauptet, dass die ersten Menschen sich Drogen zuwandten, als sie auf Nahrungssuche waren. Blieb diese Suche erfolglos, dann konnte es passieren, dass sie zuzeiten fast verhungerten. Während solcher Phasen entdeckten die Menschen, was die Tiere längst wussten: dass der Verzehr bestimmter Pflanzenteile vorübergehend Hungerattacken unterdrücken kann. Diese Pflanzen nährten und sättigten zwar kaum, erzeugten dafür aber höchst wünschenswerte Wirkungen wie Entspannung, Anregung, Vergnügen, Freude, Ekstase, Selbsterkenntnis, veränderte Bewusstseinszustände, mystische Versenkung oder andere veränderte Wahrnehmungen. Für Menschen, die dem Hungertod nahe waren, stellte daher die Einnahme bewusstseinsverändernder Drogen eine attraktive Alternative dar. Zumindest konnte ein durch Drogen induzierter Rausch den Menschen helfen, den Tag oder die Nacht zu überstehen, und war ein Mittel, ein tristes und elendes Dasein erträglicher zu machen.

Stets waren die Menschen hochmotiviert auf der Suche nach derartigen Wirkungen. Tatsächlich sind es die gleichen inneren Bedürfnisse, Wünsche und Sehnsüchte, die viele unserer Verhaltensweisen bestimmen. Pflanzliche Drogen und andere psychoaktive Substanzen waren die natürlichen Mittel, mit denen diese Bedürfnisse befriedigt werden konnten.

Hunger-, Durst- und Sexualtrieb sind so genannte primäre Triebe; sie motivieren uns zu bestimmten zielgerichteten Verhaltensweisen wie Jagd, Ackerbau und Krieg (um z.B. Wasserversorgung, Land oder Gefährten zu schützen). Der Drang, weitere Wirkungen zu erzielen, könnte uns zum Gebrauch von Rauschmitteln veranlassen, sogar um den Preis der körperlichen und geistigen Gesundheit, der Inhaftierung oder gar, in manchen Ländern, des Lebens. Allerdings könnte der Eifer, diesen Drang nach Rauschmitteln zu befriedigen, eine Erklärung für die hohe Risikobereitschaft von Benutzern illegaler Drogen sein.

Um ihre Sucht zu befriedigen, gehen Heroinabhängige hohe Risiken ein, spritzen mit infizierten Nadeln verunreinigtes und mit gefährlichen Substanzen gestrecktes Heroin, lassen sich, um an die Droge zu kommen, mit knallharten Kriminellen ein und bezahlen horrende Summen für den »Stoff«.

Der Drang zum Rausch ist nicht weniger normal als das Bedürfnis nach Liebe, sozialen Bindungen, Aufregung, Macht oder anderen erworbenen Süchten. Die primären biologischen Bedürfnisse des Menschen sind wohl körperlich bedingt, doch seine erworbenen Süchte gehen über diese Bedürfnisse hinaus.

Vom Tierreich haben wir gelernt, Drogen als Heilmittel zu verstehen, die unser Befinden verändern können. Mithilfe von Wissen und Technik, die uns vom Tier unterscheiden, ist uns aufgegeben, ungefährliche Rauschmittel zu entwickeln.

Bedauerlicherweise neigen manche Menschen zu maßlosem Konsum von Drogen und werden süchtig. Sucht bedroht die Gesellschaft, weil sie die Fähigkeit des Individuums untergräbt, zum Wohl der Gemeinschaft beizutragen. Durch die Menschheitsgeschichte zieht sich der ständige Kampf zwischen dem natürlichen Drang nach Rauschmitteln und dem Druck der Gesellschaft, diesen Drang zu reglementieren. Der moderne »Drogenkrieg« ist nur das jüngste Beispiel, wie die Gesellschaft sich bemüht, im Interesse ihres Überlebens das Verhalten von Individuen zu lenken.

Der Rausch eines Einzelnen kann eine Bedrohung für alle darstellen.

Nicht die Biologie, sondern die Gesellschaft ist es, die uns Zwänge auferlegt.

Die Frau mit den drei Gehirnen

Zwei Gehirne hatte der Held, den Steve Martin in einem Unterhaltungsfilm verkörperte, aber das ist gar nichts gegen die Wirklichkeit: Die 21-jährige Shirley Germaine aus Chicago hat drei Gehirne! Dies war der Zufallsbefund einer Kernspintomographie, der sie sich unterziehen musste.

Die drei Gehirne sind klein, aber vollständig ausgebildet und funktionstüchtig. Die junge Frau lebt ein ganz normales Leben als Angestellte einer Bäckerei.

Warum hat das menschliche Gehirn so viele Windungen?

Die Oberfläche des Gehirns ist von zahlreichen Windungen überzogen. Das sieht in der Tat sehr merkwürdig aus. Doch gilt dies nicht nur für das Gehirn, sondern auch für viele andere Organe, z.B. für das Relief der Darmschleimhaut. Wie sind diese Hirnwindungen entstanden?

Der Hauptteil des Gehirns ist das haubenförmige Großhirn. Die Oberfläche wird von der Hirnrinde, dem Kortex, gebildet. Im Kortex werden die meisten Informationen des Gehirns gespeichert. Dieser aus Nervenzellen bestehende Mantel ist unentbehrlich und zuständig für Sehen, Hören, Denken, Überlegen und viele andere kognitive Prozesse höherer Ordnung. Nichtsdestoweniger sind diese Nervenzellen in dichten Falten, Windungen, Kämmen und Tälern angeordnet. Das Volumen der Hirnrinde beträgt 50 Prozent des gesamten Gehirnvolumens. Von außen gesehen, entzieht sich aber mehr als die Hälfte der Hirnrinde dem Blick des Betrachters.

Der Grund für die aufgefaltete Oberfläche leuchtet ein. Als die Lebewesen, insbesondere der Mensch, gescheiter wurden, musste die Natur einen Weg finden, die rasch wachsende Hirnrinde (ein dünnes Blatt) dem vorgegebenen Raum (der Schädelhöhle) anzupassen. Die Lösung des Problems bestand darin, die Hirnrindenschicht aufzufalten, sodass gewundene Höhenzüge und schmale Täler entstanden und die Hirnrinde zu dem typischen Relief zusammengeschoben wurde. Die verschiedenen Flächen und Zonen nehmen verschiedene Aufgaben wahr.

Die Falten bilden sich, wenn dünne Ausläufer von Nervenzellen (Axonen), die Nervenzellen miteinander verbinden, verschiedene Grade mechanischer Spannung im wachsenden Gehirn erzeugen.

XII

DAS ÄNGSTLICHE GEHIRN

Auch wenn das menschliche Gehirn noch so gut funktioniert, kann es passieren, dass ein Mensch sich über alles Mögliche zu Tode ängstigt. Die meisten glauben dann zwar, sie hätten eine Phobie, aber wahrscheinlich trifft dies nur auf zehn Prozent der Fälle zu. Einige wenige Phobien können durch einen organischen Hirnschaden verursacht sein.

Eine Phobie ist eine neurotische Störung, die sich als beständige, irrationale, unvernünftige und unverhältnismäßige Furcht äußert. Die Furcht kann belebte oder unbelebte Objekte, Situationen oder Umstände betreffen. Auffallendstes Merkmal einer Phobie ist Angst. Die Symptomatik umfasst Herzrasen, Schweißausbrüche, erhöhte Atemfrequenz, Atemnot, ja, sogar Ohnmacht. Diese Symptome können immer dann auftreten, wenn der Phobiker mit der Ursache seiner Phobie konfrontiert wird.

Das Leiden, das die Phobie mit sich bringt, steht in keinem Verhältnis zur wirklichen Bedrohung, ist aber gleichwohl sehr real. Die Phobie ist weder ein Wahn noch ist der Phobiker verrückt. Phobiker wissen genau, was sie fürchten; sie ängstigen sich nur bei der Konfrontation mit der Ursache ihrer Phobie und verstehen sich mehr oder weniger gut darauf, diese zu vermeiden. Verständlicherweise sind Phobiker ausgiebig damit befasst, der Ursache ihrer Nöte auszuweichen – auch wenn ihr Leben dadurch ungeheuer eingeschränkt wird.

Viele Menschen verwechseln Furcht und Phobie. Der grundlegende Unterschied: Furcht ist begründbar, Phobie nicht. Der Unterschied lässt sich am folgenden Beispiel veranschaulichen:

Angenommen, Sie joggen durch einen öffentlichen Park und plötzlich rast ein riesiger Schäferhund zähnefletschend auf Sie zu. Wahrscheinlich werden Sie sich vor ihm fürchten. Hier handelt es sich um Furcht, denn Ihre Reaktion ist begründet, weil die ganz reale Gefahr besteht, dass der Hund Ihnen Schaden zufügen könnte. Wenn Sie hingegen Angst haben, ein Haus zu betreten, in dem ein neugeborener Schäferhundwelpe in einem Nebenraum schläft, dann haben Sie die Schwelle zur Phobie überschritten. Hier handelt es sich um eine Phobie vom Tiertyp, eine Untergruppe so genannter spezifischer Phobien. Bezugsobjekte von Tierphobien sind häufig auch Insekten, z.B. Spinnen, ferner Mäuse oder Schlangen.

Betroffene müssen sich ihrer Phobie weder schämen noch sollte sie ihnen peinlich sein. Dies fällt ihnen manchmal schwer, weil sie ja wissen, dass sich die meisten anderen Menschen nicht auf diese Weise ängstigen. Doch auch die Mitmenschen sollten sich über einen Phobiker nicht lustig machen, wenn sie sein Geheimnis entdecken. Für seine Phobie kann der Betroffene nichts, also darf man ihn nicht lächerlich machen.

Die Ursache einer Phobie ist oft schwer zu bestimmen. Häufig liegt sie in der frühen Kindheit. Phobien können aber nachweislich in jedem Alter auftreten.

Drei Gehirnregionen sind offenbar an der phobischen Reaktion wesentlich beteiligt: die Amygdala (der Mandelkern), der Hippocampus und die Stria terminalis. Der Mandelkern befindet sich am oberen Ende des Hirnstamms und wirkt als zentrale Schaltstelle der emotionalen Reaktionen auf Furcht. Dieses Schaltzentrum überträgt wichtige Nervensignale von Emotionen und Stress. Der benachbarte Hippocampus funktioniert als konditionierender Gedächtnisspeicher, der das Gedächtnis von unangenehmen Reiz-Reaktion-Abläufen entlastet. Der Schweifkern der Stria terminalis mit dem Hypothalamus löst im Nervensystem die Reaktionen kämpfen, flüchten oder erstarren aus.

Jungen und Mädchen sind gleichermaßen anfällig. Wie bei den meisten Krankheiten gibt es auch bei den Phobien verschiedene Schweregrade.

Abgesehen von ihrer Phobie unterscheiden sich Phobiker nicht von den Nichtphobikern. Anscheinend besteht der einzige Unterschied darin, dass Phobiker eine viel lebhaftere Fantasie haben.

Erfreulicherweise sind Phobien therapiefähig. Im Allgemeinen beginnt die Behandlung mit einer Verhaltens- und/oder

Gesprächstherapie. Der Therapeut hilft dem Patienten, sein Selbstvertrauen gegenüber der Quelle der Phobie allmählich zu steigern. Dieses Vorgehen, die so genannte Expositionstherapie, umfasst Komponenten wie »Desensibilisierung«, »Gewöhnung« und »Reizüberflutung«.

Medikamente sind in der Regel weder sinnvoll noch notwendig. Entsprechende Medikamente müsste der Patient sehr wahrscheinlich bis ans Ende seines Lebens einnehmen. Manche Psychopharmaka können Phobien verstärken oder überhaupt erst erzeugen. Diese Folge kann bei älteren Menschen beispielsweise nach Gabe von Benzodiazepin-Präparaten eintreten – Beruhigungsmittel mit angstlösender Wirkung.

Die Grundbehandlung der Phobie kann durch weitere Maßnahmen ergänzt werden. Mitunter hilft z.B. eine Umstellung der Ernährung auf Vollwertkost. Als Hilfen zur Angstbewältigung empfehlen Fachleute 16 Strategien:

1. Stellen Sie ihre Ernährung um.
2. Konzentrieren Sie sich auf Ihre Mitte.
3. Strecken Sie die Hand aus und berühren Sie einen Mitmenschen.
4. Entspannen Sie sich.
5. Atmen Sie tief ein und aus.
6. Lenken Sie sich ab.
7. Üben Sie Selbstdisziplin.
8. Schreiben Sie's auf.
9. Reden Sie mit sich.
10. Denken Sie an etwas Positives.
11. Bewegen Sie sich.
12. Sehen Sie Ihrer Angst ins Auge.
13. Stellen Sie sich das Schlimmste vor.
14. Wiederholen Sie für sich: »Auch das geht vorbei.«
15. Gehen Sie zu einer Selbsthilfegruppe.
16. Achten Sie darauf, rechtzeitig Hilfe zu suchen.

In den industrialisierten Ländern gibt es hinreichend Hilfeangebote. Zuallererst sollten die Betroffenen mit ihrem Hausarzt sprechen. Dieser wird sie, falls erforderlich, an einen Spezialisten überweisen.

Es ist müßig, jeder einzelnen Form von Phobie einen hochtrabenden wissenschaftlichen Namen zu verpassen. Das Klassifikationssystem des amerikanischen Psychiatrieverbands zählt die Phobien zu den Angststörungen und unterscheidet drei Hauptgruppen: *spezifische Phobien*, z.B. die bereits erwähnten vom Tiertyp, vom natürlichen Umgebungstyp (Höhenangst), Verletzungstyp (Blut), Situationstyp (Fliegen); *Agoraphobie* (Angst vor großen Plätzen, oft mit Panikattacken); *soziale Phobie* (Angst, im Mittelpunkt zu stehen). Die Objekte von Phobien sind so vielfältig wie die Menschen und ihre Umwelt; einige herausgegriffene Beispiele sind Angst vor Dunkelheit, Helligkeit, Spinnen, Schlangen, Ratten, Mäusen, vor dem Zahnarzt, vor dem Alleinsein, vor Kindern, vor dem Telefon, vor Spiegeln, vor der Kamera. Die Liste ist endlos.

Ein Fallbericht: Adrienne hat Angst vor Fieber

Die 32-jährige Adrienne leidet an einer krankhaften Angst vor Fieber, das sie selbst, aber auch ihren kleinen Sohn befallen könnte. In den vergangenen zehn Jahren hat sie ständig kontrolliert, ob sie Fieber hat: Sie hat meist sechs Mal am Tag, davon einmal mitten in der Nacht, ihre Temperatur gemessen. Wenn es draußen heiß ist, gerät sie in Panik. Anscheinend kann sie dann nicht unterscheiden, ob sie Fieber bekommt oder ob es »nur heiß« ist. Bloß um sicherzugehen, misst sie ihre Temperatur im Sommer noch häufiger als sonst. Beim geringsten Anzeichen, dass sie auch nur leicht erhöhte Temperatur haben könnte, rennt sie zum Arzt. Adriennes Furcht vor Fieber rührt von einer Zeit aus ihrer Kindheit, als sie fast an einer Lungenentzündung gestorben wäre. Sie hat einen Universitätsabschluss und war beruflich erfolgreich im Kommunikationsbereich tätig. Ihre Phobie hat sie gezwungen, der Arbeit fern zu bleiben, und hat wahrscheinlich ihrer weiteren Karriere geschadet.

Adrienne ist geschieden und hat das Sorgerecht für ihren fünfjährigen Sohn Jonathan. Seit Jonathan auf der Welt ist, schleppt sie ihn zum Arzt, sobald er nur ein wenig »erhitzt« ist. Mutter und Kind kreuzen im Durchschnitt dreimal in der Woche beim Arzt auf.

Jedes Mal wenn Jonathan wegen einer Erkältung oder Grippe wirklich fiebert, bekommt seine Mutter panische Angst. Zu wissen, dass Fieber bei Kindern und bei Erwachsenen die normale Abwehrreaktion eines gesunden Immunsystems ist, hilft ihr in keiner Weise.

Während die meisten Mütter ihre Kinder mit einem Lächeln und einer Umarmung begrüßen, betrachtet Adrienne ihren Jungen besorgt und fühlt gleich nach seiner Stirn. Wenn Jonathan vom Spielen erhitzt und verschwitzt nach Hause kommt, ist Adrienne gleich äußerst besorgt und bringt ihr Kind dann häufig sofort zum Arzt. Kommen sie jedoch in der Praxis des Arztes an, hat sich Jonathan meist längst abgekühlt, und sie fährt wieder mit ihm nach Hause.

Jonathans Temperatur misst sie so oft wie ihre eigene. Dem Jungen ist das lästig, vor allem weil er inzwischen aus dem Kleinkindalter herausgewachsen ist und merkt, dass seine Freunde von ihren Müttern anders behandelt werden. Für die Mutter-Kind-Beziehung ist das Verhalten der Mutter ausgesprochen nachteilig. Adrienne macht sich jetzt schon Sorgen, dass sie Jonathans Temperatur, sobald er eingeschult wird, nicht mehr so häufig wie bisher messen kann.

Die Phobie gegen Fieber wird der Klasse der Nosophobien, der Angst vor Krankheiten, zugerechnet. Elterliche Phobie gegen Fieber kommt in allen Gesellschaftsschichten vor. Ausgelöst wird sie mitunter durch unbedachte Äußerungen eines Arztes über das erkrankte Kind. Erfahrungsgemäß sind dies von den Eltern missverstandene, »zweideutige« Informationen des Arztes über Gefahren des Fiebers.

Bewusstes Erinnern

Auf Computertomogrammen des Gehirns ist zu erkennen, dass im Wesentlichen der Hippocampus und das umgebende Nervengewebe beteiligt sind, wenn wir uns an ein zuvor erlerntes Wort erinnern wollen. Im Stirnhirn koordinieren andere Bereiche die Versuche, die Erinnerung an das Wort aus dem Gedächtnis abzurufen, bevor es bewusst wird. Der Hippocampus ist die seepferdchenförmige Vorwölbung unter dem Seitenventrikel des Gehirns und ist Teil des limbischen Systems. Die Aktivierung des Hippocampus hängt enger mit der aktuellen Erinnerung an ein Ereignis zusammen als mit dem Bemühen, dieses Ereignis aus dem Gedächtnis abzurufen.

Kopfverletzungen durch Schusswaffen

Die meisten Leute glauben, dass sich Kinder viel leichter als Erwachsene oder gar Heranwachsende von Verletzungen und Traumen erholen. Im Hinblick auf Kopfverletzungen durch Schusswaffen trifft dies aber keineswegs zu. Eine Überprüfung der Krankengeschichten von 13 Kindern, die Schussverletzungen des Kopfes erlitten hatten, ergab, dass Heilungsverlauf und Behandlungsergebnis bei den 5- bis 14-Jährigen sich nicht von denen Erwachsener und Jugendlicher unterscheiden. Praktisch bei allen Verletzten blieben leichte Behinderungen zurück. Es ist daher anzunehmen, dass Kinder später recht häufig unter den Folgen von Hirnverletzungen zu leiden haben.

XIII

DAS UNERSÄTTLICHE GEHIRN

Bald könnten Fettsucht und Übergewicht der Vergangenheit angehören!

Erstmals ist es nämlich gelungen, das Signalsystem des Gehirns, das den Wunsch zu essen auslöst, abzuschalten.

Nach jahrelanger Forschung könnten nun Medikamente entwickelt werden, mit denen sich Hungerattacken ähnlich wie Kopfschmerzen bekämpfen lassen. Endlich werden wir die Gier nach Essen beheben können, die so viele Diätwillige elend scheitern lässt.

Zum ersten Mal in der Geschichte der Menschheit werden wir kontrollieren können, ob und wann wir essen wollen.

Medizinische und verhaltenspsychologische Forschungen ergaben, dass wir aus zahlreichen komplizierten und sich gegenseitig beeinflussenden physiologischen und psychologischen Gründen essen. Es zeigte sich aber auch, dass viele Menschen sich überfressen, weil ihr Gehirn sie dazu disponiert. Aus Gründen, für die sie selbst nicht verantwortlich sind, haben diese Menschen ein »unersättliches« Gehirn – die Schwelle in ihrem Gehirn, die Hunger meldet, ist niedriger als beim Durchschnitt der Bevölkerung. Die Neigung, sich zu überfressen, hat eine genetische Komponente und kommt daher in manchen Familien gehäuft vor.

Inzwischen gibt es gute Gründe für die Hypothese, dass der Unterschied zwischen unersättlichem und Durchschnittsgehirn schlicht auf einer Überproduktion eines oder mehrerer Neurotransmitter beruhen könnte, die nachweislich die Esslust stimulieren. Diese Neurotransmitter transportieren das Signal »Essen« zwischen verschiedenen Nervenzellen im Gehirn.

Am stärksten verdächtig, für dieses Signal »Essen« verantwortlich zu sein, ist das Neuropeptid Y, ein einfaches Molekül. Schon in den achtziger Jahren wurde entdeckt, dass Neuropeptid Y, wenn man es normalen Ratten ins Gehirn injiziert, bei diesen unkontrolliertes Fressen auslöst. In einem Protokoll dieser Versuche heißt es: »Hoch dosiertes Neuropeptid Y bewirkt, dass die Ratten so viel fressen, wie ihr Körper aufzunehmen imstande ist. In den ersten Versuchen fraßen sie ununterbrochen mindestens fünf Stunden lang. Die Neuropeptid-Y-Injektionen bewirken bei den Ratten eine Gier nach Kohlenhydraten. Jede andere Nahrung verweigern sie. Auf diese Weise werden normale zu fettsüchtigen Ratten.«

Das Spannendste an diesen Untersuchungen ist, dass ein Antiserum gegen Neuropeptid Y entdeckt wurde, das eine Testphase erfolgreich bestand. Das Antiserum besteht aus Antikörpern, die das Neuropeptid Y erkennen und binden. Dadurch wird verhindert, dass Neuropeptid Y an seinen spezifischen Rezeptor an der Nervenzelle bindet.

In einer Reihe von Versuchen wurden gesunden Ratten hohe Dosen Neuropeptid Y injiziert. Gierig fraßen die Ratten und wurden fett. Ihr Gewicht normalisierte sich jedoch wieder, als sie mit dem Antiserum behandelt wurden. Überdies fraßen normale Ratten, denen das Antiserum injiziert wurde und die kein Neuropeptid Y erhalten hatten, etwa 60 Prozent weniger als bisher. Und was außerdem beeindruckt: Wenn die Ratten halb verhungert waren – nach sechsstündigem Nahrungsentzug, was für eine hungrige Ratte praktisch eine Ewigkeit ist –, fraßen sie noch weniger!

Diese Versuche lassen den Schluss zu, dass Neuropeptid Y nicht erst bei Injektion in hohen Dosen wirkt, sondern schon das normale Essverhalten reguliert. Demnach müsste man die übermäßige Esslust beim Menschen bremsen können, indem man den Neuropeptid-Y-Regelmechanismus unterbricht. Der nächste Schritt wäre, ein Medikament zu entwickeln, das die Rezeptoren für Neuropeptid Y blockiert und es unwirksam macht. Demnach wären nur praktische Hürden zu überwinden, bis es gelingt, einen neuartigen, direkt im Gehirn wirkenden Appetitzügler zu entwickeln. Ein derartiges Medikament wäre allen bisherigen Appetithemmern haushoch überlegen.

Die herkömmlichen Appetithemmer, die bisher weltweit im Handel sind, enthalten meist Phenylpropanolamin (PPA), eine mild stimulierende Substanz, die mit Amphetamin verwandt ist. Entsprechend beliebt sind PPA-haltige Pillen. In der westlichen Welt steht der Umsatz dieser Stoffklasse an fünfter Stelle. Bedauerlicherweise können diese Präparate nicht nur zu Gewöhnung bzw. Sucht führen, sondern auch Nebenwirkungen wie Kopfschmerzen, Angst, Funktionsstörungen der Lunge und des Herzens erzeugen und sogar einen Schlaganfall auslösen. Reichlicher Koffeingenuss kann das Risiko noch erhöhen. Außerdem werden diese Präparate nicht selten von Konsumenten missbraucht, die eine Crash-Diät machen oder z.B. unter Bulimie leiden. Bei diesen Personen kommt mitunter noch ein Missbrauch von Brechmitteln oder Abführmitteln hinzu. Nur im Ausnahmefall sind daher PPA-haltige Medikamente angezeigt. Die Behandlung mit diesen Präparaten muss ärztlich überwacht werden.

Bisher deutet alles darauf hin, dass sich die genannten Probleme mit einem Medikament, das den Neuropeptid-Y-Mechanismus blockiert, nicht stellen werden.

Zu guter Letzt wird es dennoch an uns liegen, ob es gelingt, unser unersättliches Gehirn zu zähmen und dadurch einen unserer primären biologischen Triebe zu kontrollieren.

Wie funktioniert die Essbremse?

Wann merkt das Gehirn, dass sein Mensch genug gegessen hat? Man hat einen Mechanismus identifiziert, durch den das Gehirn den Füllungszustand des Magen-Darm-Traktes bewertet. Der Vagusnerv, der Informationen zwischen Magen-Darm-Trakt und Gehirn leitet, befördert ganz unterschiedliche elektrische Signale – je nachdem, ob mehr Kohlenhydrate oder mehr Proteine gegessen wurden. Diese Signale üben einen starken verdauungsfördernden Einfluss auf die Magenperistaltik aus. Außerdem werden die Signale durch hormonähnliche Peptide, die je nach verzehrter Nahrung im Magen-Darm-Trakt gebildet werden, verstärkt. Wenn Sie genug gegessen haben, signalisiert Ihr Gehirn, dass Sie satt sind und aufhören sollen.

Gibt es ein Feinschmecker-Syndrom?

Schweizer Wissenschaftler haben eine neue Essstörung entdeckt, bei der bestimmte Gehirnläsionen bewirken, dass Denken und Handeln von bisherigen Durchschnittsessern sich zwanghaft auf Delikatessen richten. In einer dreijährigen Verlaufsstudie wurde diese neue Essstörung, die den schönen Namen Gourmet-Syndrom erhielt, an 36 Patienten beobachtet. Erstmals fiel das Syndrom bei zwei Schlaganfallpatienten eines Schweizer Spitals ins Auge. Während ihrer Genesung entwickelten diese eine ganz ungewohnte Lust auf Luxusessen. Der eine Patient, ein 48-jähriger Journalist, machte das Beste daraus: Er ist inzwischen der Restaurant-Kritiker seiner Zeitung.

Offenbar ist das Gourmet-Syndrom eine seltene, gutartige Essstörung, der eine Schädigung der rechten Hirnhälfte zugrunde liegt. Das neue Syndrom macht öffentlich, dass Sucht und Zwangsstörungen, auch wenn sie keine Beeinträchtigung mit sich bringen, auf einer Schädigung eines begrenzten Hirnareals beruhen können.

Zucker fördert das Denken

Zucker kann ein geeignetes Mittel sein, um das Kurzzeitgedächtnis zu aktivieren. Füttert man Ratten mit Glukose, ei-

nem einfachen Zucker, dann wird ihre Fähigkeit gesteigert, sich zu erinnern, was sie in den letzten sieben Tagen gelernt haben.
Ältere Gedächtnisinhalte aus dem Langzeitgedächtnis sind aber davon ausgenommen.

Warum brauchen Süchtige immer mehr »Speed«?

»Speed« ist der Szenename für das Aufputschmittel Metamphetamin. Unter dieser Substanz scheint im Gehirn eine Verarmung an jenen Stoffen einzutreten, die für Lustgefühle verantwortlich sind. Offenbar ist diese chemische Wirkung auf das Gehirn der Grund, weshalb viele Metamphetamin-Konsumenten immer höhere Dosen der Substanz benötigen, damit sich das gewohnte Hochgefühl einstellt. Sie erklärt möglicherweise auch das oft gewalttätige und aggressive Verhalten mancher »Speed-Freaks«. Anscheinend verarmen unter wiederholter Einnahme von »Speed« die Dopamin-Speicher im Gehirn. Dopamin ist eine hormonähnliche Substanz, die an unseren Bewegungen und an der motorischen Kontrolle mitwirkt und an der Empfindung von Lustgefühlen beteiligt ist. Bei »Speed«-Konsumenten sind die Dopamin-Spiegel im Gehirn, verglichen mit Nicht-Konsumenten, um mehr als die Hälfte reduziert.
Niedrige Dopamin-Konzentrationen sind auch charakteristisch für die Parkinsonkrankheit. Deshalb werden Parkinsonpatienten mit Dopamin behandelt. Eine Überdosierung von Dopamin kann jedoch vorübergehend schizophrenieähnliche Halluzinationen auslösen.

Der Handkuss und die Neurologie

Unser Gehirn enthält Nervenzellen, die Sie blindlings die Lippen Ihres Geliebten finden lassen – sogar im Dunkeln. Auch beim Handkuss funktioniert dieser Instinkt. Was und wen auch immer Sie küssen, bestimmte Neuronen im prämotorischen Kortex scheinen zwei verwandte Aufgaben wahrzunehmen: Sie sind wichtig für die Berührungsempfindung und für die visuelle Wahrnehmung der Zone unmittelbar um das Gesicht. Versuche mit Affen bei Helligkeit und im Dunkeln ergaben, dass bestimmte »bimodale« Neuronen im Affen, die eigentlich »abgeschaltet« werden sollten, aktiv bleiben. Dadurch kann das Gehirn »der Spur der Kopfhaltung in Bezug auf den Reiz« auch im Dunkeln folgen – und so wird das Küssen im Dunkeln kinderleicht.

XIV

DAS HALLUZINIERENDE GEHIRN

So viele Fragen über das Gehirn sind noch unbeantwortet. Zum Beispiel Halluzinationen.

Als Halluzination bezeichnet man Sinnestäuschungen, das heißt jede falsche Wahrnehmung, die ohne äußeren Reiz erfolgt. Das bedeutet schlicht, dass man Dinge sieht, hört, schmeckt, riecht oder spürt, die gar nicht vorhanden sind.

Halluzinationen kommen sehr häufig vor. Tatsächlich haben wir allnächtlich Halluzinationen, wenn wir träumen. Es sind dies »transiente«, vorübergehende, Halluzinationen, die auch häufig während des so genannten hypnagogischen Zustands zwischen Schlafen und Wachen auftreten. Junge und Alte sind gleichermaßen betroffen. Kinder mit besonders lebhafter Fantasie glauben gelegentlich, Stimmen zu hören oder Personen oder Sachen zu sehen, oder sie »erfinden« imaginäre Freunde.

Sowohl positive als auch negative Halluzinationen lassen sich bei normalen Personen durch hypnotische Suggestion, sensorische Deprivation, Einzelhaft, äußerste Erschöpfung oder Halluzinogene hervorrufen. In den meisten dieser Fälle sind die Halluzinationen wenig strukturiert, entbehren des Realitätssinns und besitzen nur begrenzten Wert als Charakteristika einer Persönlichkeit oder als Symptome einer Geisteskrankheit.

An der Universitätsklinik in Nijmegen, Niederlande stellte sich überraschend heraus, dass das Charles-Bonnet-Syndrom, das sich mit komplexen optischen Halluzinationen bei psychisch gesunden Personen äußert, viel häufiger vorkommt, als bisher angenommen wurde. Von 505 Sehbehinderten erfüllten 60 die Kriterien eines Charles-Bonnet-Syndroms. Normalerweise hat der Patient, der an dieser Krankheit leidet, Halluzinationen, aber es fehlen Wahnvorstellungen oder der Verlust der einsichtsvollen Kognition, wie er beispielsweise bei Schizophrenien eintritt. Die niederländischen Forscher akzeptieren die Diagnose Charles-Bonnet-Syndrom nur, wenn Patienten, die über Halluzinationen klagen, gleichzeitig definierte diagnostische Kriterien erfüllen. Es gibt keine wirksame Therapie, doch hilft vielen Kranken schon die Zusicherung, dass ihre Halluzinationen kein Anzeichen für Geisteskrankheit sind.

Gleichwohl können Halluzinationen in der Psychiatrie mit leiblichen oder seelischen Störungen verbunden sein. In beiden Fällen nimmt der Patient falsche Wahrnehmungen als Wirklichkeit und reagiert darauf, als wären sie wirklich. Viele Fachleute interpretieren diese Arten der Halluzination als Ausdruck verborgener Wünsche, Gefühle und Bedürfnisse. Sie spiegelt zum Beispiel das Bedürfnis, der Wirklichkeit zu entfliehen, das Selbstwertgefühl zu steigern, sich von Schuldgefühlen zu befreien oder Ansprüche zu verwirklichen. Persönliche Bedürfnisse dieser Art können nicht nur den Inhalt emotional begründeter Halluzinationen beeinflussen, sondern auch von solchen Halluzinationen, die durch organische Befunde (Hirnschaden oder Gehirnkrankheit) oder durch Einnahme von Drogen, Giften oder toxisch wirkenden Substanzen hervorgerufen werden.

Interessanterweise scheint die Art der Halluzination in gewissem Umfang durch psychische Faktoren bestimmt zu werden. Eine Person, die von Schuldgefühlen zerrissen wird, hört vielleicht Stimmen, die sie verdammen. Jemand, der von Ängsten geplagt wird, sieht Szenen des Schreckens. Und ein Opfer der Angst vor Sexualität mag sich von sexuellen Symbolen umstellt sehen.

Es lassen sich mehrere Arten und Formen der Halluzinationen unterscheiden. Die akustischen Halluzinationen sind bei weitem am häufigsten.

Akustische Halluzinationen: Bei akustischen Halluzinationen hört die betroffene Person fremde Geräusche, gedämpfte Stimmen, Wortfetzen oder die eigenen Gedanken laut (die Franzosen nennen dies écho des pensées, Gedankenecho). Meistens aber hört die Person ganz deutlich Bemerkungen, die direkt nur an sie gerichtet sind. Die Stimmen gehören gewöhnlich einer bestimmten Person oder Gott, Freunden oder auch Feinden. Die Stimmen können aus verschiedenen Quellen kommen, z.B. aus einem Auto, aus Tieren, Steckdosen, Puppen, Heizkörpern, Klimaanlagen oder imaginären Telefonen. Stimmen können aber auch aus Körperteilen der kranken Person oder gleichzeitig aus mehreren Richtungen erklingen. Die Stimmen können angenehm, anklagend oder befehlend sein. Oft »hört« der Kranke Obszönitäten. Manchmal antwortet er darauf. Gelegentlich geben die Stimmen Befehle, die den Kranken zu Gewalt gegen sich oder andere Personen auffordern. Die berüchtigten Serienmorde des »Son of Sam« in New York beging ein Mann, der glaubte, sein Hund und sein Gewehr hätten ihm befohlen, seine Opfer zu töten.

Eine faszinierende Form der akustischen Halluzination ist das Hören von Musik. Die Betroffenen hören musikalische Erinnerungen aus der eigenen Vergangenheit (z.B. Kinderlieder, Lieblingslieder, Evergreens). Wenn es im Krankenzimmer still ist, überfallen diese Lieder den Patienten unkontrollierbar, sie werden immer lauter, falls nicht ein wirkliches Geräusch im Zimmer ertönt. Wenn die Patienten mit musikalischen Halluzinationen sich konzentrieren, können sie Melodien beliebig in sich abrufen.

Musikalische Halluzinationen können viele Ursachen haben, beispielsweise einen Gehirntumor. Im Übrigen kann der kulturelle Hintergrund die Art musikalischer und anderer Halluzinationen beeinflussen.

Akustische Halluzinationen treten häufig auf bei akuter Alkoholhalluzinose, seniler (paranoider) Psychose, affektiver Psychose (z.B. in der depressiven Phase einer manisch-depressiven Psychose) und bei vielen weiteren psychiatrischen Erkrankungen.

Optische Halluzinationen: Mitunter sind optische Halluzinationen angenehm, aber viel öfter sind sie widerlich oder erschreckend. Ein plastisches Beispiel sind die »weißen Mäuse«, die Alkoholiker im Delirium tremens heimsuchen, und generell kleine Tiere, die sich sehr schnell bewegen.

Optische Halluzinationen überwiegen auch bei Psychosen infolge akuter Infektionskrankheiten oder Vergiftungen.

Leibhalluzinationen: Patienten, die unter Leibhalluzinationen leiden, spüren z.B. Stromstöße, die durch verschiedene Teile ihres Körpers jagen, und/oder sie erleben wahnhafte Störungen ihrer Körperfunktionen.

Bei taktilen oder haptischen Halluzinationen haben die Patienten das Gefühl, dass z.B. kleine Käfer oder andere Insekten auf oder unter ihrer Haut krabbeln.

Kinästhetische Halluzinationen: Bei dieser Form der Halluzination fühlen sich verschiedene Teile des Körpers an, als würden sie ihre Form, Größe oder Bewegung verändern. Interessanterweise gibt es mitunter auch kinästhetische Halluzinationen amputierter Körperteile. (Der Phantomschmerz ist eine solche Trugwahrnehmung.) Von kinästhetischer Halluzination spricht man auch, wenn der Patient glaubt, dass z.B. der Boden unter ihm schwankt.

Olfaktorische Halluzinationen: Die meisten Geruchshalluzinationen sind ekelerregend (verdorbenes Fleisch, Fäkalien usw.). Sie scheinen mit unbewussten Schuldgefühlen zusammenzuhängen. Oft hören die Patienten gleichzeitig anklagende Stimmen.

Gustatorische Halluzinationen: Geschmackshalluzinationen gehen oft mit Geruchshalluzinationen einher. Die Betroffenen klagen, Gift im Essen zu schmecken, oder meinen, sie hätten den Mund voll grässlicher Substanzen, wie z.B. brennende Säure.

Alle Formen der Halluzination können bei den verschiedensten Erkrankungen vorkommen: bei paranoider Schizophrenie, Alzheimerkrankheit, schwerer Epilepsie sowie bei Psychosen im Rahmen von Hirntumoren, fortgeschrittener Syphilis, Gehirnarteriosklerose, Kokainsucht und vielen anderen Erkrankungen.

Allmählich bringt die Forschung mehr Licht in die gesamte Problematik. Zum Beispiel sind akustische Halluzinationen ansonsten gesunder Menschen neurologisch völlig verschieden von akustischen Halluzinationen bei Patienten, die an einer Psychose leiden. Fragen, deren es noch Tausende zu erforschen gilt.

Halluzinationen und Solarwinde

Wir kommen zu einem weiteren merkwürdigen Phänomen. Psychologen der Universität Iowa haben überraschende Aufzeichnungen aus dem 19. Jahrhundert ausgewertet, die über optische Halluzinationen und magnetische Störungen durch Solarwinde berichten. Anscheinend besteht eine statistisch signifikante positive Korrelation zwischen beiden Phänomenen. Die magnetischen Störungen beeinflussen die Bildung des Zirbeldrüsenhormons Melatonin. Eine der Funktionen des Melatonins ist die Regulation des Schlaf-Wach-Rhythmus. Viele Amerikaner, vor allem ältere, schlucken Melatonin als Schlafmittel. Die Substanz wird auch als Radikalefänger und zur Behandlung des Jetlags nach Langstreckenflügen propagiert.

Ein Fisch stellt unser Gehirn in den Schatten

Ein Punkt, in dem der Mensch jedes andere Lebewesen übertrifft, ist die beachtliche Größe unseres Gehirns in Relation zu unserer gesamten Körpermasse. Ein weiterer ist die enorme Sauerstoffmenge, die dem menschlichen Gehirn zugeführt wird. Der Anteil des menschlichen Gehirns an der Körpermasse beträgt 2,3 Prozent, doch es verbraucht 20 Prozent des Sauerstoffs im Körper. Das ist weitaus mehr als bei anderen Wirbeltieren, deren Gehirn ein Prozent der Körpermasse ausmacht und zwei bis acht Prozent des Gesamtsauerstoffs im Körper verbraucht. Ein Fisch hat es allerdings geschafft, uns von dem obersten Treppchen zu stoßen. Das Gehirnvolumen des kleinen Afrikanischen Callorhynchus (aus der Familie der Seekatzen) beträgt 3,1 Prozent seiner Körpermasse. Und es nimmt gewaltige 60 Prozent des Sauerstoffs zu seiner Versorgung auf! Nach Ansicht von Wissenschaftlern wird dieser hohe Sauerstoffanteil benötigt, weil das Gehirn dieses Fisches so ungewöhnlich groß und der Fisch außerdem ein Kaltblüter ist.

XV

DAS GLÜCKLICHE GEHIRN

Das Gehirn sehnt sich danach, glücklich zu sein.

Würden Sie eine Pille schlucken, um glücklich zu werden – und zu bleiben?

Mittlerweile wurden die wissenschaftlichen Voraussetzungen geschaffen, genau solche Pillen herzustellen. Womit wir bei der Erfolgsstory der Substanz Fluoxetin (Fluctin®) wären. Besser bekannt ist der amerikanische Markenname der Substanz: Prozac®. Populäre Bezeichnungen für die Substanz sind »Alice-im-Wunderland«-Pille, Befreiungspille, Feministinnenpille. Einig sind sich alle, dass Fluoxetin den Menschen verwandelt.

Der Stoff Fluoxetin wurde 1987 als Antidepressivum in den Handel gebracht, und noch nie zuvor in der Geschichte der Arzneimittel wurde ein Psychopharmakon so schnell akzeptiert. Allein in den USA brachte es das Präparat gleich nach der Einführung auf 650 000 Neuverschreibungen im Monat. Trotz einer Gegenreaktion aufgrund von Behauptungen, dass Fluoxetin zu Nebenwirkungen wie Selbstmord oder Mord führen kann, nimmt die Popularität der Substanz weiter zu.

Der Psychiater Peter Kramer hat in seinem Buch *Listening to Prozac* den Siegeszug des Präparats dokumentiert. Wochenlang stand das Buch weltweit auf Platz eins der Bestsellerlisten.

Kramer ist überzeugt, dass Fluoxetin ein »transformatives Potenzial« hat, das heißt, es befreit die Patienten nicht nur von ihrer Depression, sondern verändert ihre Persönlichkeit. Im weiteren Verlauf der Behandlung geht es ihnen immer besser, sie werden geselliger, sozial und psychisch lockerer und sicherer. Manchmal gelingt mit der Fluoxetin-Gabe, was bisher nur die Psychotherapie schaffte – in einen Patienten einzudringen und eine bestimmte Komponente seiner Persönlichkeit zu verändern.

Aus seiner eigenen Klientel beschreibt Kramer mehrere Fälle, in denen eine bemerkenswerte Metamorphose der Persönlichkeit eintrat, nachdem die Patienten nur einen Monat lang täglich eine Tablette Fluoxetin geschluckt hatten.

Tess ist eine solche Patientin. Nach einer traumatischen Kindheit mit einem alkoholkranken Vater und einer depressiven Mutter wurde das Mädchen selbst depressiv. Als sie Kramer konsultierte, hatte sie gerade eine selbstzerstörerische Beziehung beendet und war hochgradig suizidgefährdet. Seit ein paar Wochen nimmt Tess Prozac®. Sie wirkt nun anziehend auf – anständige – Männer und freut sich ihres Lebens.

Zum ersten Mal in ihrem Erwachsenenleben fühlt sie sich als lebendiger Mensch.

Kramer behauptet, dass Fluoxetin die Empfindlichkeit für Kritik oder Zurückweisung verringert, zwangsneurotisches Verhalten bessert, Heimweh lindert und sogar das Interesse an Pornographie mindert. Das Präparat eignet sich auch zur Behandlung von Essstörungen, prämenstruellem Syndrom, Aufmerksamkeits-Defizit-Syndrom, Arzneimittel- und Drogenmissbrauch und sexuellen Störungen vom Libidoverlust bis zur Ejaculatio praecox.

»Alice-im-Wunderland«-Pille hat man Fluoxetin wohl genannt, weil Alice in Lewis Carrolls Geschichte sich jeweils groß oder winzig klein verwandeln konnte, indem sie sich verschiedene Zaubermittel einverleibte. »Befreiungspille« spielt darauf an, dass die Patienten von ihrer elenden Depression erlöst werden. Und »Feministinnenpille« deutet darauf hin, dass Fluoxetin hauptsächlich Frauen verordnet wird. Oft gewinnen Frauen, nachdem alle anderen Therapien versagt haben, erst unter Fluoxetin das ersehnte Selbstvertrauen, ihr Leben selbst in die Hand zu nehmen. Oft schaffen sie es erst jetzt, mutig und beherzt einen ausbeuterischen Job zu kündigen, sich unterdrückenden häuslichen Verhältnissen zu entziehen oder gewalttätige Beziehungen zu beenden.

Nach Kramer sind wir heute dabei, ins Zeitalter der »kosmetischen Psychopharmakologie« einzutreten, will sagen, wir können unsere Stimmung oder unsere Persönlichkeit medikamentös verändern, ähnlich wie wir uns die Nase richten oder die Falten beseitigen lassen können.

Häufig ist die Depression eine fortschreitende Krankheit, die frühzeitig behandelt werden muss. Ein frühes Trauma kann die Anatomie des Gehirns verändern und eine erhöhte Empfindlichkeit gegenüber Verlusten oder Zurückweisung nach sich ziehen. Dadurch werden die Betroffenen später anfälliger für schwere Depressionen.

Außerdem werden laut Kramer manche Menschen mit einer Anlage für einen spezifischen Persönlichkeitstyp geboren, die zur Depression führen kann. Diese Menschen sind schon als Kleinstkinder äußerst schüchtern und weisen alle physiologischen Zeichen von Stress auf. Bei ihnen entsteht die Depression oft aus einem Missverhältnis zwischen Bewältigungsstrategie (introvertiert, unbestimmt, gehemmt) und sozialen Erwartungen, die von der Gesellschaft belohnt werden (extrovertiert, bestimmt, ungehemmt).

Natürlich hat die Anwendung von Fluoxetin auch ihre Kehrseite. Ein wirksames, »transformierendes« Medikament könnte auch als Mittel zur sozialen Anpassung missbraucht werden. Derartige manipulative Substanzen könnten dazu dienen, menschliches Verhalten im Sinne einer gesellschaftlich nützlichen oder erwünschten Weise zu verändern und zu steuern. Insofern wäre Fluoxetin eine Substanz wie das seelenbetäubende »Soma«, das in Aldous Huxleys Roman *Schöne neue Welt* die Landeskinder so pflegeleicht macht.

So könnten Fluoxetin und ähnlich wirkende Substanzen weniger Lewis Carrolls Fantasien als vielmehr Huxleys Albtraum von der schönen neuen Welt Wirklichkeit werden lassen. Genau dies führen die Kritker der Glückspillen ins Gefecht und warnen zu allergrößter Vorsicht bei der Einnahme derartiger Medikamente. Außerdem sollte man sich vor Augen halten, dass die Studien über Glückspillen oft methodisch fehlerhaft sind. Im Übrigen wird darauf hingewiesen, dass die Verabreichung eines therapeutisch wirksamen Präparats nicht nur medizinisch und biologisch, sondern auch gesellschaftlich ein sehr komplizierter Akt ist. Und als solcher ist er folgenreich für uns alle.

Falls es gelingt, durch chemische Eingriffe das glückliche Gehirn und eine Gesellschaft zu schaffen, die ständig Glückspillen einwirft und von diesen abhängig ist – welche Gesellschaft werden wir dann schließlich haben und was für Menschen werden wir sein?

Zutrauen ist wichtiger als Köpfchen

Anscheinend kommt es beim Schulerfolg weniger auf Köpfchen an als auf Selbstvertrauen. Der Glaube an das eigene Können wiegt schwerer als angeborene Fähigkeiten oder Begabungen. Eine Studie an 77 acht- und neunjährigen Kindern ergab, dass die Kinder, die sich ihrer Fähigkeiten sicher waren, größere Neugier zeigten und bei schulischen Aufgaben engagierter, freudiger und ausdauernder mitmachten. Die Kinder hingegen, die sich nichts zutrauten und aus äußeren Gründen das Interesse an der Schule verloren, nahmen an weniger Aktivitäten teil, waren zornig, ängstlich und gelangweilt und zeigten auf die Dauer schlechtere Schulleistungen.

Bewusstsein und Auffassungsgabe

Was ist Bewusstsein? Warum ist es vorhanden? Was bewirkt es? Wie kommt es durch die komplizierten Vorgänge in den Gehirnzellen zustande? Schwere Fragen sind das! Versuchen wir, eine Antwort zu finden.

Objektiv ist das Gehirn relativ verständlich. Während Sie diese Seite betrachten, spielt sich eine Fülle von Aktivitäten in Ihren Gehirnzellen ab. Photonen treffen die Netzhaut, werden als elektrische Impulse in den Sehnerv und zu verschiedenen Regionen im Gehirn geleitet und bewirken schließlich, dass Sie mit einem Lächeln, einem verwunderten Stirnrunzeln oder einer Bemerkung reagieren. Neben dieser objektiven Reizverarbeitung gibt es aber noch einen subjektiven Aspekt. Während Sie diese Seite betrachten, sind Sie sich dessen bewusst, erleben die Wortbilder und Wörter als Teil Ihres individuellen geistigen Daseins. Vielleicht haben Sie lebhafte Vorstellungen von bunten Blumen und einem strahlenden Himmel. Gleichzeitig empfinden Sie irgendwelche Gefühle und bilden Gedanken in sich aus. Aus der Gesamtheit derartiger Erfahrungen entsteht das Bewusstsein – das subjektive, innere Lebens unseres Geistes.

Synonyme im Gehirn?

Wenn Sie einen sinn- oder sachverwandten Begriff, also ein Synonym, für ein Wort suchen, schlagen Sie in einem Thesaurus nach. Ein solches Wörterbuch der Synonyme scheint es auch in unserem Gehirn zu geben. Die verschiedenen Kategorien von Wörtern und Begriffen sind in einer Art interaktivem geistigen Thesaurus in separaten Zonen der linken Hirnhälfte abgelegt. Diese Erkenntnis könnte provozierende neue Einsichten bieten, wie das Gehirn Wörter abruft, um seine Umwelt zu beschreiben.

XVI

DAS HYPNOTISCHE GEHIRN I: GRÖSSERE BRÜSTE DURCH HYPNOSE – ODER WIE MAN EIN KANINCHEN AUS DEM HUT ZAUBERT

Ein hypnotisches Gehirn: Gibt es das überhaupt? Natürlich meine ich nicht, was Science-Fiction-Filme daraus machen, sondern das wirkliche Phänomen. Wie kommt es, dass manche Personen leicht zu hypnotisieren sind, andere dagegen überhaupt nicht? Was passiert da im Gehirn? Passiert da überhaupt etwas? Ist das Gehirn mancher Menschen empfänglicher für hypnotische Suggestion?

Bisher gelang es Psychiatern, Neurologen und Hypnoseärzten nicht, präzise den Typus zu charakterisieren, der leicht zu hypnotisieren ist. Es gibt jedoch ein paar Kriterien – man frage nur Hypnotiseure aus dem Schaustellergewerbe!

Wie wählt so ein Hypnotiseur die Mitspieler aus seinem Publikum aus, die sich bereitwillig zum Narren machen? Der Hypnotiseur guckt sich aus sagen wir mal 500 Zuschauern etwa zehn Kandidaten aus, die er für »bühnentauglich« hält. Entscheidend bei der Bühnenhypnose ist, dass der Hypnotiseur mit sicherem Gespür die geeignetsten Kandidaten herausfindet – sie müssen sehr kooperativ, extrovertiert und locker sein; komödiantische Naturtalente, die gern auf das Spiel eingehen, Spaß daran haben und die Show nicht verderben.

Welche Kandidaten eignen sich am besten?

Der Hypnotiseur auf der Bühne checkt sein Publikum, bevor er mit seiner Show beginnt. Aussortiert werden zunächst alle, die sich sträuben würden. Denn nur wer freiwillig mitmacht, ist ein guter Kandidat. Ebenso werden die »Pseudo-Freiwilligen« aussortiert, also Personen, die durch Partner, Freunde oder als Mutprobe angestiftet werden, auf die Bühne zu gehen. Auch sie sind ungeeignet.

Der Hypnotiseur unterzieht die übrig gebliebenen Kandidaten, die noch im Zuschauerraum sitzen, ein paar speziellen Tests. Meistens fordert er die Zuschauer auf, den rechten Arm möglichst gerade in die Luft zu strecken. Dabei unterscheiden sich die geeigneten Kandidaten von den ungeeigneten. Manche können den Arm nicht oben halten. Sie scheiden aus. Andere halten den Arm zwar hoch, aber schlaff oder krumm. Auch sie fallen aus dem Rennen. Für den Hypnotiseur kommen nur die Kandidaten infrage, die den Arm so lange, wie es von ihnen verlangt wird, ganz gerade und möglichst steif nach oben halten. Diese Personen, die nicht auf ständige Selbstkontrolle bedacht sind, bestehen den Vortest am ehesten. Bei ihnen ist die Wahrscheinlichkeit am größten, dass sie die Aufforderungen des Hypnotiseurs befolgen werden. Personen, die wie närrisch auf der Bühne agieren, kommen wie von selbst in die enge Wahl.

Hinsichtlich der Tricks und Täuschungen, denen wir erliegen, fragen wir uns wohl, wie es einem Zauberer gelingt, unsere Augen und unser Gehirn zu narren. Wie zum Beispiel stellt es ein Zauberer an, dass wir zu sehen glauben, wie er ein Kaninchen aus einem Hut zaubert?

Dieses klassische Zauberkunststück wird seit ewigen Zeiten praktisch immer auf die gleiche Art ausgeführt. Gewöhnlich ist es das erste Kunststück, das ein Zauberlehrling lernt.

Der Hut ist tatsächlich leer, wenn er dem Publikum gezeigt wird. Das Kaninchen ist irgendwo versteckt, entweder in einer speziellen Tasche oder einem dunklen Stoffbeutel im Anzug des Zauberers. Das Kaninchen rührt sich nicht – der Zauberer macht sich das natürliche Verhalten des Tieres zunutze, das sich im Dunkeln nicht bewegt.

Bei der klassischen Ausführung des Tricks dreht der Zauberer, wenn er den Zuschauern den leeren Hut präsentiert, diesen so, dass die Krempe dem Kaninchenversteck zugewandt ist. Eine kleine Unterbrechung, etwa durch den Auftritt einer spärlich bekleideten Assistentin, lenkt neugierige Augen von dem Zauberer ab, während dieser fingerfertig den Boden des Beutels aufschnappen lässt, sodass das Kaninchen elegant in den Hut plumpst. Der Zauberer kann es dann präsentieren, wann es ihm beliebt.

Wenn Sie den Taschenspieler genau beobachten, wird Ihnen oft eine kleine Vorwölbung an ihm auffallen. Diese wird am besten durch die Farbe Schwarz verborgen, deswegen tragen die Zauberkünstler traditionell Schwarz. Im schwarzen Anzug oder Smoking ist das Kaninchenversteck meist in Höhe des Brustbeins an der Unterseite des Jacketts angebracht.

Das Kaninchenversteck kann auch durch eine feste Nylonschnur mit dem Zauberer verbunden sein. Beliebt ist die Methode, die Schnur am Handgelenk zu befestigen, durch den Hemdsärmel aufwärts über die Schultern und durch den anderen Ärmel zu führen, wo sie knapp außerhalb der Manschette endet und an der Kaninchentasche mit einem Knoten fixiert wird. Ist der Zauberer Rechtshänder, dann wird er das Versteck hinter seiner Rechten so verbergen, dass es nicht zu sehen ist. Der Hut wird geschickt geschwungen, um das Kaninchen aufzufangen. Mit der linken Hand zieht der Zauberer das Tier heraus und hält es hoch. Während alle Augen auf das Kaninchen gerichtet sind, hält die rechte Hand den Hut hoch. Dadurch, dass die Arme erhoben sind, rutscht das Jackett hoch und bewirkt, dass die Nylonschnur das Kaninchenversteck hinter die Manschette schiebt und so den Blicken entzieht.

Dieser Trick hat den Zuschauern einige hundert Jahre lang Rätsel aufgegeben. Sicher wird er auch in Zukunft genauso lange faszinierend sein.

Kann unser Körper in Größe oder Form durch Hypnose verändert werden? Einschlägige Untersuchungen scheinen, so bizarr es sich anhört, darauf hinzudeuten, dass dies zumindest bis zu einem gewissen Grad möglich ist. Mehrere Untersuchungen belegen, dass es gelang, die Brüste von Frauen durch Hypnose zu vergrößern.

Eine elegante Hypnoseklinik in Beverly Hills bietet Frauen, die in Hollywoods berühmtestem Luxusviertel leben, »Brustvergrößerung durch Hypnose« an. Tatsächlich ist der Zustrom von brustbewussten Frauen gewaltig.

Überraschenderweise stützen verhaltenswissenschaftliche Untersuchungen die Auffassung, eine Brustvergrößerung sei durch Hypnose möglich. Manche Experten behaupten, dass ein Versuch mit Hypnose angebracht sei, bevor zu einschneidenden Maßnahmen geschritten wird. Wenn eine Frau meint, unbedingt größere Brüste bekommen zu müssen, und vor nichts zurückschreckt und sogar ihre Gesundheit aufs Spiel zu setzen bereit ist, um das zu erreichen, dann könnte die Hypnose die richtige Problemlösung sein. Sie ist unbedenklicher als chirurgische Eingriffe, Injektionen, Implantate oder andere, möglicherweise gefährliche Behandlungsverfahren.

Der erste Bericht über die erfolgreiche Stimulation des Brustwachstums durch Hypnose erschien 1974 in einer amerikanischen Fachzeitschrift für Sexualforschung. Ein paar Jahre später wurde im *American Journal of Clinical Hypnosis* eine weitere Studie zu diesem Thema veröffentlicht. Der kontrollierte Therapieversuch erfolgte mit 22 Frauen zwischen 19 und 54 Jahren. Ein neutraler Arzt vermaß die Brüste der Probandinnen nach Dicke, Durchmesser und Umfang. Die Messungen wurden sechs und zwölf Wochen nach Beginn des Versuchs wiederholt. Die Frauen wurden zwölf Wochen lang einmal wöchentlich therapiert. Während jeder Sitzung wurden sie durch Hypnose in einen Zustand der Tiefenentspannung versetzt. Sie wurden aufgefordert zu visualisieren, wie warmes Wasser über ihre Brüste floss, wie eine Wärmelampe die Brüste bestrahlte und wie ihre Brüste pulsierten. Die Frauen bekamen außerdem eine Tonbandkassette, auf der die Suggestionen aufgezeichnet waren, um sich diese visuellen Vorstellungen daheim zu vergegenwärtigen, wenn sie nicht mehr unter Hypnose waren. Am Ende des dreimonatigen Versuchs fasste der Autor Dr. Richard Willard seine Erfahrungen wie folgt zusammen:

»28 Prozent der Frauen hatten das Ziel, das sie sich zu Beginn des Versuchs gesetzt hatten, erreicht und wünschten keine weitere Größenzunahme. 85 Prozent der Frauen gaben eine deutliche Vergrößerung ihrer Brüste an und von ihnen mussten sich

46 Prozent einen größeren Büstenhalter kaufen. 42 Prozent der Frauen hatten während des Versuchs mehr als 1 kg abgenommen, aber größere Brüste bekommen. Die durchschnittliche Zunahme des Brustumfangs betrug 3,3 cm. In der Vertikalen wurde eine durchschnittliche Zunahme von 1,7 cm, in der Horizontalen von 2,5 cm gemessen.

Erfreulicherweise beobachteten 78 Prozent der Frauen, die an dem Versuch teilnahmen, weitere günstige Veränderungen an sich, beispielsweise wurden sie besser beim Kegeln und beim Golfen. Nach der dreimonatigen Versuchsdauer registrierten 85 Prozent der Frauen, dass sie oft ein spontanes warmes Pulsieren in den Brüsten verspürten, während sie mit anderen Dingen beschäftigt waren, z.B. beim Autofahren, bei der Arbeit oder beim Fernsehen. 63 Prozent der Teilnehmerinnen an der Studie hatten Kinder und klagten infolgedessen über Hängebrüste. Diese Frauen wünschten sich, dass ihre Brüste wieder so straff und voll würden wie vor den Schwangerschaften. All diese Frauen freuten sich, dass ihre Brüste nach dem Versuch so schön wie früher waren.«

Der Mechanismus, wie hypnotische Suggestion bewirkt, dass die Brüste größer werden, ist unbekannt. Die Fachleute spekulieren über eine selektive Erweiterung der Blutgefäße in der Brust, die über eine stärkere Durchblutung zu einer hormonell ausgelösten Proliferation des Brustgewebes führt.

Verschiedene Arbeitsgruppen haben versucht, Willards Studie zu reproduzieren. Bisher gelang es allerdings weder Medizinern noch Verhaltenswissenschaftlern zu widerlegen, dass Brüste mithilfe der Hypnose vergrößert werden können. Bis zum Beweis des Gegenteils sollten sich die Frauen daher nicht irritieren lassen und ruhig einen Versuch riskieren.

Überflüssig zu sagen, dass die Klinik in Beverly Hills allein dies schon zu Werbezwecken zu nutzen weiß. Sie wirbt mit einer Erfolgsrate in 75 Prozent der behandelten Fälle. Vermutlich wird die Klinik jetzt auch von Männern aufgesucht – natürlich nicht wegen Brustvergrößerungen. Diese Männer glauben wahrscheinlich, dass Hypnose vergrößern kann, was sie am nötigsten haben: ihr Ego.

Wenn man sich zwanghaft bewegen muss

Den Zustand, nicht ruhig sitzen zu können, nennt man Akathisie. Die Betroffenen geben beispielsweise einem Drang nach, ständig umherzugehen. Akathisie kann als unerwünschte Nebenwirkung von Neuroleptika und bei Zwangsneurosen auftreten. Zu dieser motorischen Unruhe kann es auch bei Epileptikern kommen, wenn sie auf neue Medikamente eingestellt werden.

Gehirnzellenersatz?

Im Gegensatz zu anderen Organen, deren Zellen ständig erneuert werden, verfügt das Gehirn zu Beginn unseres Lebens über mehr Zellen, als es normalerweise zeitlebens benötigt. Die Natur rüstet uns für den Anfang mit viel mehr Zellen als nötig aus und verlässt sich darauf, dass wir nicht so blöd sein werden, in den Boxring zu steigen oder ohne Helm Motorrad zu fahren. In der Mehrzahl der Fälle hat die Natur damit das Richtige vorgesehen, weil die meisten nicht auf einen Ersatz angewiesen sein werden.

XVII

DAS HYPNOTISCHE GEHIRN II: GEDÄCHTNIS, REGRESSION UND DER DOMINANZ-EFFEKT

Hinsichtlich des Zusammenhangs zwischen Hypnose, Geist und Gehirn werden oft die folgenden drei Fragen gestellt: Kann Hypnose das Gedächtnis verbessern? Kann ein Mensch durch Hypnose in seine Kindheit zurückversetzt werden? Kann ein Mensch unter Hypnose gezwungen werden, gegen seinen Willen zu handeln?

Kann Hypnose das Gedächtnis verbessern?

Noch ist es nicht allgemein bekannt, aber viele Verhaltensforscher bestreiten inzwischen, dass Hypnose das Gedächtnis verbessere. Anscheinend trägt die Hypnose nicht dazu bei, bisher verborgene Fakten klarer und detaillierter ins Gedächtnis zu rufen. Dies steht im Widerspruch zu der landläufigen Meinung, die durch gelegentliche Berichte in den Medien bestärkt wird, dass ein Zeuge unter Hypnose der Polizei geholfen habe, ein Verbrechen zu rekonstruieren.

Stattdessen besagt der Stand der Forschung, dass Hypnose Vertrauen in bereits zugängliche, aber unsichere Informationen erzeugt und fördert. Hypnose erhöht also die Wahrscheinlichkeit, dass erinnerte Informationen mit größerer Überzeugung vorgetragen werden.

Eine der wichtigsten Studien, die diese These stützen, wurde an der Universität von Pennsylvania durchgeführt: Man zeigte 78 freiwilligen Versuchspersonen ein Video von 15 Minuten Dauer. Während zweier mehrere Tage auseinander liegender Sitzungen mussten die Probanden einige standardisierte Fragen zum Inhalt des Videos beantworten und ihr »Vertrauen auf die Genauigkeit ihrer Erinnerung« auf einer Skala mit den Werten 1 bis 4 eintragen.

Während der ersten Video-Sitzung wurde keine der Versuchspersonen hypnotisiert. Bei der zweiten wurde jedoch die Hälfte der Probanden hypnotisiert. Den Hypnotisierten wurde in dieser Sitzung suggeriert, dass sie die Fragen leichter beantworten könnten als beim ersten Test.

Beim zweiten Testdurchlauf erinnerten beide Gruppen zusätzliche Details gleich richtig. Die vorausgegangene hypnotische Suggestion besserte nicht das Gedächtnis, bewirkte aber, dass die Probanden sich bei der Beantwortung von Fragen, auf die sie vorher nur »Vermutungen« geäußert hatten, ihrer Sache sicherer waren.

Nach Ansicht der Untersucher bestätigt das Experiment die alte Weisheit der Psychologie, dass die Hypnose eine Verschiebung der subjektiven Einschätzung von Gedächtnisinhalten bewirkt.

Auf den ersten Blick scheint die Hypnose durch ihre Gewissheit fördernde Wirkung nützlich sein zu können, zum Beispiel wenn ein Zeuge eines Verbrechens sich nicht genau an das Geschehene erinnert. Leider weisen die Daten nach Ansicht der Forscher aber darauf hin, dass die Hypnose allein nur das Vertrauen der Zeugen in fehlerhafte ungewisse Antworten, nicht aber in zufällig richtige unsichere Informationen steigerte.

Außerdem meinen die Autoren, obwohl die Hypnose oder ähnliche Verfahren zusätzliche Hinweise liefern könnten, bestehe ein beträchtliches Risiko, dass die inhärente Unzuverlässigkeit von Informationen, die ein hypnotisierter Zeuge liefert, in Wirklichkeit der Wahrheitsfindung schadet.

Sie betonen, wenn Hypnose als Grundlage einer Zeugenaussage vor Gericht zugelassen werde, dann könnten die sicheren »Erinnerungen« eines zuvor hypnotisierten Zeugen Justizirrtümern Tür und Tor öffnen.

Zum Schluss betonen die Autoren, dass es genügend Möglichkeiten präziser Erinnerungen gibt, die oft wirksamer sind als eine Hypnose. Sie versichern, dass die fehlenden Vorzüge der Hypnose besonders deutlich werden, wenn man ihr die Wirkungen motivierender Anweisungen (oder anderer kognitiver Strategien) gegenüberstellt.

Kann ein Mensch durch Hypnose in seine Kindheit zurückversetzt werden?

Die Verhaltenswissenschaft bestreitet heute energisch, dass die Hypnose einen Menschen bis in seine Kindheit zurückversetzen kann.

Zu dieser Frage wurden mindestens 60 verhaltenswissenschaftliche Studien veröffentlicht. Der Psychologe Michael Nash hat dieses Material kritisch gesichtet. Er vertritt die Ansicht, dass hypnotisierte Erwachsene, denen suggeriert wird, sie seien ein Kind und empfänden auch so, sich im Wesentlichen »erwachsen« verhalten werden. Das heißt, mental und moralisch funktionieren sie immer noch mehr wie Erwachsene denn wie Kinder. Nahezu alle Studien belegen außerdem, dass, wenn man hypnotisierte und nicht-hypnotisierte Erwachsene auffordert, sich wie Kinder zu benehmen, die nicht-hypnotisierten Erwachsenen die Rolle des Kindes viel besser ausfüllen.

Nash bestreitet kategorisch die Möglichkeit der Regression ins Kindesalter.

Wenn ein Hypnotiseur auf der Bühne eine Person angeblich um einige Jahrhunderte in ein früheres Leben (etwa im alten Ägypten) zurückversetzt, ist es ganz unwahrscheinlich, dass diese Person sich in der Sprache jener Zeit äußern wird. Gewiss wird so ein Bühnenkünstler, wenn er jemanden angeblich in ein früheres Leben versetzen kann, ihn auch problemlos in die damalige Kindheit versetzen können. Diese Möglichkeit wird aber von der Wissenschaft energisch bestritten.

Kann man eine hypnotisierte Person zwingen, gegen ihren Willen zu handeln?

Auf diese sehr strittige und oft gestellte Frage zur Hypnose gibt es keine eindeutige Antwort. Viele von uns haben schon erlebt, wie sich Leute bei einer Bühnenshow unter Hypnose zum Narren machten. Der Hypnotiseur veranlasst einen freiwilligen Mitspieler aus dem Publikum, auf der Bühne wie ein Hund zu bellen, wie ein Hahn zu krähen oder einen Striptease aufzuführen. Die meisten Menschen stellen sich vor, dass jemand, der sich von einer dominanten Persönlichkeit hypnotisieren lässt, unweigerlich für alle Arten von Suggestion offen ist, jegliche Hemmung verliert und praktisch zu jeder Handlung veranlasst werden kann.

Doch handelt ein hypnotisierter Mensch wirklich willenlos? Kann er einer hypnotischen Suggestion widerstehen? Wie stark ist der Einfluss der dominanten Persönlichkeit?

Manches spricht dafür, dass die meisten Menschen, vielleicht sogar alle, einer hypnotischen Suggestion widerstehen können, dass eine hypnotisierte Person wahrscheinlich nach ihrem Willen handelt und dass die dominante Persönlichkeit ihr nicht ihren Willen aufzwingen kann. Die Beweislage ist jedoch widersprüchlich.

Im Lauf der Zeit wurde in zahlreichen Studien geprüft, ob und in welchem Maß Menschen hypnotischen Suggestionen widerstehen können. Gegen Ende der zwanziger Jahre des vorigen Jahrhunderts wurde berichtet, dass Probanden, die sich vor einer Hypnose suggerierten, einer anschließenden hypnotischen Suggestion widerstehen zu wollen, tatsächlich standhielten, falls sie den Vorsatz zuvor gefasst hatten. Zwanzig Jahre später gelang es nicht, diese Ergebnisse zu reproduzieren.

Eine weitere Studie untersuchte 1963 an zwölf Personen, ob sie zwei hypnotischen Suggestionen widerstehen konnten. Sechs Probanden gelang dies bei beiden, fünf bei nur einer Suggestion, während ein Proband keiner der Suggestionen widerstand.

In den 1980er-Jahren wurde in einer Versuchsreihe geprüft, ob Testpersonen hypnotischen Suggestionen widerstehen konnten, wenn sie dafür Geld erhielten. In einer Reihe von Experimenten wurden den Probanden 5 bis 100 US-Dollar geboten. Etwa 60 Prozent der Probanden widerstanden der Suggestion. Dagegen waren fast 40 Prozent außerstande zu widerstehen, selbst wenn ihnen der Höchstbetrag von 100 US-Dollar geboten wurde. Daraus folgerten die Untersucher, dass der hypnotische Einfluss für eine kleine Zahl von Personen wirklich zwingend ist und diese unter Hypnose tatsächlich gegen ihren Willen handeln.

Offensichtlich können manche also widerstehen, andere nicht – oder zumindest tun sie es nicht. Was aber bedingt diesen Unterschied?

Eine Erklärung besagt, dass hypnotisierbare Personen Suggestionen wiederstehen können, wenn Widerstand als Bestandteil des Profils einer gut hypnotisierbaren Person definiert wird.

Hypnotisiert zu werden hat eine soziale und eine psychologische Dimension. Wenn ein Mensch bereit ist, sich hypnotisieren zu lassen, übernimmt er willentlich eine gesellschaftliche Rolle – die des Hypnotisierten. In dieser Rolle verhält er sich gemäß den Normen, die er dafür angemessen findet. Falls diese Person es gesellschaftlich korrekt findet, dass ein Hypnotisierter einer Suggestion widersteht, dann *wird* sie ihr unter Hypnose widerstehen. Falls sie Widerstand aber nicht für gesellschaftlich korrekt hält, wird sie nicht widerstehen können.

Deswegen wird eine hypnotisierte Person sich vor Publikum zum Narren machen, weil sie dieses Verhalten unter den obwaltenden Umständen für angemessen hält. Dagegen wird sie sich nicht närrisch aufführen, wenn sie sozial angemessenes Verhalten anders definiert.

Insofern unterscheidet sich die Rolle des Hypnotisierten nur unwesentlich von der Rolle eines Ehegatten, Elternteils, Angestellten, Wählers oder einer anderen Rolle. Das oberste Prinzip dabei ist, dass die betreffenden Personen so zu handeln trachten, wie sie es für angemessen halten.

Dass ein Mensch unter hypnotischer Suggestion ein Verbrechen begehen würde, gehört ins Reich der Fantasie. In diesem Fall müssten zu viele bestehende gesellschaftliche Normen verletzt werden.

Aus mindestens zwei Gründen dürfte das Verhalten unter Hypnose eher willentlich als unwillkürlich sein. Erstens hat ein Mensch die Wahl, sich hypnotisieren zu lassen oder nicht. Zweitens glauben die meisten Menschen heutzutage, dass Widerstand gegen hypnotische Suggestionen ein gesellschaftlich akzeptables Verhalten ist – und dementsprechend entscheiden sie sich für den Widerstand. Tatsächlich haben hypnotische Reaktionen sämtliche Züge eines Verhaltens, das typischerweise als willentlich definiert wird. Das heißt, sie sind zweckbestimmt, zielgerichtet, nach den Absichten des Menschen gesteuert und können allmählich geändert werden, um subjektive Ziele besser zu erreichen.

Somit kontrollieren letztlich wir unsere Handlungen – auch unter Hypnose. Das dominierende Element steckt in uns selbst.

Achromatopsie – der Fluch, farbenblind zu sein

Das Gehirn erkennt Farben, aber das Auge muss ihm die richtige Farbinformation übermitteln. Normalerweise ist eine Farbenblindheit partiell. Sie beruht auf einem genetischen Defekt der Retinazellen des Auges und kommt bei Männern häufiger vor als bei Frauen: Einer von zwanzig Männern ist Rot-Grün-farbenblind. Diese Form ist die häufigste. Die sehr seltene totale Farbenblindheit, die so genannte Achromatopsie, ist etwas anderes. Sie ist ebenfalls genetisch bedingt. Betroffen ist eine von 30 000 bis 40 000 Personen. Eine Ausnahme bilden die Ureinwohner von Pingelap, einem kleinen Atoll zwischen den Pazifischen Inseln. Durch Inzucht infolge der isolierten Lage leiden die Bewohner von Pingelap an einer angeborenen Achromatopsie. So ist auf der Insel eine total farbenblinde Gemeinde entstanden. In seinem Buch *Die Insel der Farbenblinden* hat Oliver Sacks das Leben dieser Menschen sehr bewegend beschrieben.

XVIII

KLEPTOMANIE: DAS RAFFGIERIGE GEHIRN ODER DER UNWIDERSTEHLICHE DRANG, ETWAS HABEN ZU WOLLEN

Wir neigen dazu, schadenfroh zu grinsen, wenn wir hören, dass irgendein abgehalfterter Hollywood-Filmstar oder eine Politikergattin beim Ladendiebstahl erwischt wurde. Doch es besteht kein Grund zu lästern, denn wie viele andere können auch diese prominenten Personen an einer krankhaften Kleptomanie leiden.

Nach internationaler Übereinkunft wird Kleptomanie definiert als wiederholter Verlust der Impulskontrolle, Dinge zu stehlen, die für den persönlichen Bedarf oder wegen ihres Geldwertes nicht benötigt werden.

Was im Gehirn des Kleptomanen vorgeht, ist ebenso verblüffend wie interessant. Noch interessanter ist womöglich, dass Kleptomanen häufig von ihrem Drang zu stehlen befreit werden, wenn man sie mit Antidepressiva behandelt. Zumindest hat dies eine Gruppe von Psychiatern an der Universität Harvard herausgefunden.

Die Arbeit dieser Psychiater fasziniert aus verschiedenen Gründen, nicht zuletzt auch, weil sie mit etlichen Märchen über die Kleptomanie aufräumt. Zum Beispiel sind Kleptomanen nicht in jedem Fall Zwangsneurotiker mit einem unwiderstehlichen Drang zu stehlen. Vielmehr leiden sie oft unter Stimmungsschwankungen, Alkoholismus, Anorexie oder Bulimie. Außerdem wurde entdeckt, dass viele Kleptomanen Opfer schwer traumatisierender Ereignisse, z.B. körperlichen oder sexuellen Missbrauchs, geworden waren, den gewaltsamen Tod eines nahen Angehörigen erlebt, ihr Haus durch Feuer verloren hatten oder in einen Verkehrsunfall mit Todesopfern verwickelt waren. Die Fachleute vermuten, dass solche Ereignisse wahrscheinlich die Kleptomanie auslösten.

Im Übrigen fand man heraus, dass manche Kleptomanen an einem Serotoninmangel im Gehirn leiden. Serotonin ist ein Überträgerstoff zwischen Nervenzellen, der unsere Stimmungen beeinflusst. Theoretisch wäre es denkbar, dass man den Serotoninspiegel im Gehirn mithilfe von Antidepressiva normalisiert und dadurch die Kleptomanie in den Griff bekommt. Tatsächlich funktioniert dies auch in der Praxis und wurde auch von anderer Seite bestätigt. Zum Beispiel war die Substanz Fluvoxamin, ein selektiver Serotonin-Wiederaufnahmehemmer, bei kleptomanischen Patienten wirksam, die weder auf andere Psychopharmaka noch auf Psychotherapie, darunter Verhaltenstherapie, angesprochen hatten.

Zu ihrer Überraschung fanden die Harvard-Psychiater heraus, dass es im Prinzip sehr wenige Erkenntnisse über Kleptomanie gibt. In der Verhaltenspsychologie, in der Medizin wie auch in der Öffentlichkeit ist zwar einiges über Kleptomanie bekannt, aber in der psychiatrischen Literatur ist diesem Thema nur wenig Aufmerksamkeit zuteil geworden. Die Psychiater in Harvard beschlossen, mehr darüber herauszufinden, indem sie die Biografien und die Behandlungsverläufe von Kleptomanen untersuchten und miteinander verglichen.

In der Folge überprüften sie 20 Fallgeschichten des McLean-Hospitals in Boston. Es stellte sich heraus, dass 15 der 20 Kleptomanen Frauen waren. Im Gegensatz zu der Auffassung, dass Kleptomanen entweder junge Erwachsene oder ältere Leute sind, zeigte sich, dass die meisten Kleptomanen Mitte Dreißig waren. Typischerweise wurden die gestohlenen Gegenstände nicht immer benutzt, sondern häufig gehortet. Und sehr oft verschenkten die Kleptomanen, was sie gestohlen hatten.

Alle zwanzig Kleptomanen litten unter ausgeprägten affektiven Störungen. Bei 16 der Patienten wurde eine Angststörung, bei zwölf eine Essstörung diagnostiziert.

Bei psychischen Störungen wie schweren affektiven Störungen besteht oft eine Abhängigkeit von Alkohol oder anderen Substanzen. Häufig sind außerdem Panikattacken, antisoziales Verhalten oder Essstörungen wie Anorexia nervosa und Bulimie.

Ein verständlicherer Name für Anorexia nervosa lautet Magersucht. Sie führt zu starker Abmagerung und Auszehrung infolge chronischer Nahrungsverweigerung aus Angst, dick zu werden. Eigentlich hat die Anorexia nervosa jedoch neurotische Ursachen. Die Erkrankung äußert sich physisch u.a. durch Ausfall der Menstruation und psychisch durch ein gestörtes Körperbild.

Bulimie ist eine Essstörung, bei der Hungerphasen mit hemmungslosen Fressanfällen abwechseln. Nach den Fressanfällen wird Erbrechen herbeigeführt, daher der Name Ess-Brech-Sucht. Die Ess-Brech-Süchtigen treiben zudem einen starken Missbrauch mit Abführmitteln und Diuretika. Traurige Berühmtheit erlangte der Fall der amerikanischen Popsängerin Karen Carpenter, in deren Blut nach ihrem Tod hohe Konzentrationen des Brechmittels Ipecacuanhae radix (Brechwurz) nachgewiesen wurden.

Kleptomanie sollte nach Ansicht der Harvard-Psychiater in eine größere Gruppe mit Zwangsneurosen, affektiven Störungen und Essstörungen eingeordnet werden. Gemeinsam ist diesen Störungen, dass ein vorausgegangenes psychisches Trauma oder ein biochemisches Ungleichgewicht sie auslösen kann.

Unter keinen Umständen sollte man den Kleptomanen die Schuld geben oder sie kriminalisieren. Vielmehr liegt der Fehler in der gequälten Psyche oder im Gehirn der Betroffenen. Das Opfer stiehlt, ist aber kein Dieb im herkömmlichen Sinn.

Kleptomanie durch Hirnblutung?

Sehr selten geschieht es, dass infolge eines Gehirntraumas Kleptomanie auftritt. Vor ein paar Jahren wurde ein solcher Fall in Deutschland publik. Bei einer 47-jährigen Frau aus Hannover verschlimmerte sich die Kleptomanie dramatisch, nachdem sie eine Hirnblutung erlitten hatte. Vor diesem Ereignis hatte sie ihren Drang meistens beherrschen können.

Nach der erfolgreich gestoppten Hirnblutung blieb ein Defekt im unteren Frontalhirn zurück, der eine gewisse Enthemmung der Patientin bewirkte. Trotz medikamentöser Therapie wurde die Kleptomanie der Frau unkontrollierbar.

Sauerstoff beschleunigt Alterungsprozess

Ob und wie schnell das Gehirn altert, hängt offenbar davon ab, wie anfällig Proteine für die schädliche Wirkung freier Sauerstoffradikale sind. Ironischerweise kann eine Form des Sauerstoffs, der normalerweise das Überleben unseres Organismus sichert, das Gegenteil bewirken – nämlich zu Zellveränderungen und zum Zelltod führen. Die Nervenzellen im Gehirn alter Mäuse enthalten wesentlich mehr sauerstoffgeschädigte Proteine als die junger Mäuse.

Die Vorboten des Schlaganfalls

Eine transiente ischämische Attacke (TIA) ist ein Ereignis, bei dem die Blutzufuhr zum Gehirn des Betroffenen vorübergehend unterbrochen wird. Dies bewirkt schlaganfallähnliche Symptome, die meist zwei bis dreißig Minuten, aber nicht länger dauern. Man spricht dann auch von einem »Schlägelchen«. Diese Attacke wird gewöhnlich durch ein winziges Blutgerinnsel oder ein Fettfragment verursacht (Embolus), die mit dem Blut aus der Körperperipherie ins Gehirn befördert wurden. Etwa ein Drittel der Personen, die ein »Schlägelchen« hatten, werden innerhalb von fünf Jahren nach diesem Ereignis einen richtigen Schlaganfall erleiden.

XIX

QUECKSILBER IM GEHIRN: DER VERRÜCKTE HUTMACHER UND ISAAC NEWTONS WAHNSINN

Der großartige Naturwissenschaftler Isaac Newton, der Hutmacher in *Alice im Wunderland* und japanische Kinder, die in den 1950er-Jahren behindert geboren wurden, weisen sehr merkwürdige Ähnlichkeiten auf.

Isaac Newton (1642–1727), der legendäre Mathematiker, Physiker und Naturphilosoph, gilt als einer der größten Naturwissenschaftler aller Zeiten. Schon zu seinen Lebzeiten wurde er berühmt – und ist es heute noch – als einer der originellsten und einflussreichsten Theoretiker in der Geschichte der Naturwissenschaften. Newton schenkte der Menschheit die drei Axiome der Mechanik fester Körper, das Attraktionsgesetz, die Theorie von der Bewegung der Himmelskörper und die Begründung der Differenzialrechnung mithilfe des Begriffs der Geschwindigkeit. Zeitgleich begründete übrigens Gottfried Wilhelm Leibniz (1646–1716) die Differenzialrechnung anhand des Tangentenproblems. Newton steckte voller Ideen und machte unzählige Entdeckungen.

Weniger bekannt ist, dass der große Gelehrte im Laufe seines Lebens zwei Mal »überschnappte«. Er machte längere Phasen abnormen, ja, sogar bizarren Verhaltens durch. Er schlief sehr schlecht, war überempfindlich in seinen persönlichen Beziehungen, litt unter Appetitmangel, Verfolgungswahn, Gedächtnisschwäche und einer Minderung der Denkschärfe. Heute würde mancher Psychiater Newton eine Borderline-Psychose zuschreiben.

Obwohl die beiden »Wahnsinns«-Attacken bei Newton keinen Dauerschaden hinterließen, gingen sie doch nicht spurlos an ihm vorbei. Das Merkwürdigste aber ist, dass Newton seinen »Wahnsinn« selbst verursacht haben dürfte, nämlich durch seine Arbeit.

Was ist mit Newtons Gehirn passiert?

Viele Biografen Newtons haben versucht, eine Erklärung für die beiden »Wahnsinns«-Attacken zu finden. Von psychischem Trauma durch den Tod seiner Mutter war die Rede, von einer reaktiven Depression, nachdem wichtige Aufzeichnungen Newtons durch ein Feuer vernichtet worden waren, von einer Erschöpfung nach der Niederschrift seiner *Principia Mathematica* (1687), von einer Depression, weil er einen erhofften Posten in London nicht bekommen hatte, von übersteigerter Religiosität und von Angst wegen Schwierigkeiten an der Universität Cambridge – alles einleuchtend, alles interessant, aber alles falsch.

Viel schlüssiger scheint die Erklärung zu sein, dass die »Verrücktheit« durch etwas Simpleres ausgelöst wurde, nämlich durch eine Quecksilbervergiftung.

Vor Jahren schon ergab eine Überprüfung der Aufzeichungen, die Newton von seinen Experimenten hinterließ, dass er, bevor die ersten Symptome seiner »Wahnsinns«-Phasen auftraten, jeweils viele chemische Experimente gemacht hatte. Newton experimentierte mit Schwefel, Ammoniumchlorid, Schwefelsäure und Salpetersäure, Arsen, Kupfer, Blei und mehreren anderen Stoffen. Vor allem aber mit Quecksilber.

Newton erhitzte Metalle, ihre Erze oder ihre Salze, um sie in der flüchtigen Form zu gewinnen, die er für seine Experimente brauchte. Während dieser Arbeiten atmete er ständig Dämpfe ein, die mittlerweile als hochgiftig gelten. Bei manchen Experimenten prüfte Newton sogar Schwermetalle mit der Zunge. Eifriger Gelehrter, der er war, übernachtete Newton auch in seinem Laboratorium, das er oft wochenlang nicht verließ.

Newton hat sich also wahrscheinlich durch seine Experimente vergiftet. Er zeigte die klassischen Symptome einschließlich der neurologischen Zeichen einer Quecksilbervergiftung, wie sie in den modernen Lehrbüchern der Toxikologie beschrieben werden.

Die Geschichte der Quecksilbervergiftungen ist durchaus bemerkenswert. Bis gegen Ende des 19. Jahrhunderts wurden Quecksilberverbindungen benutzt, um Filzhüte zu versteifen. Filzhüte waren damals sehr beliebt. Die Arbeiter in der Filzhutfabrikation litten oft unter Symptomen einer Quecksilbervergiftung, zum Beispiel Tremor, Zerfahrenheit, Gedächtnisschwäche und merkwürdigen Verhaltensstörungen. Volkstümliche Bezeichnungen für den Tremor waren »hatter« (Hutmacherzittern) in England und »Danbury shakes« (nach der Hutfabrik in Danbury, Connecticut). Der armselige Hutmacher, den Lewis Carroll in *Alice im Wunderland* beschrieb, hatte ein lebendiges Vorbild in einem Bekannten des Autors und litt ziemlich sicher an einer Quecksilbervergiftung.

Quecksilbervergiftungen können gelegentlich sogar angeborene Missbildungen zur Folge haben.

In den fünfziger Jahren des 20. Jahrhunderts leitete die örtliche chemische Industrie im japanischen Minamata ihre quecksilberhaltigen Abwässer ins Meer. Die Methylquecksilberchloride und -sulfide wurden über das Plankton von Fischen aufgenommen und gelangten so in den Körper des Menschen. Schließlich erlitten 2 900 Personen schwere Quecksilbervergiftungen und 46 von ihnen starben. Schwangere Frauen, die kontaminierten Fisch verzehrt hatten, erlitten Spontanaborte oder brachten Kinder mit schweren Fehlbildungen zur Welt: körperliche Entstellungen, Hirnschäden, mangelhafte Koordination der Muskeln, fehlende oder mangelhafte Sinnesfunktionen.

Die Vergiftung ging unter der Bezeichnung Minamata-Krankheit in die Geschichte nicht nur der Medizin ein. Die Firma, die an dem Unglück schuld war, weigerte sich lange, die Opfer zu entschädigen. In einem zusammenfassenden Bericht von Dr. Minoru Inouye, der das Nationale Institut für Minamata-Krankheit in Minamata leitet, heißt es:

»Mehr als 2 900 Menschen wurden durch Verzehr von kontaminiertem Fisch vergiftet. Sie entwickelten individuell sehr variable Symptome wie eingeengtes Gesichtsfeld, Sensibilitätsstörungen, Koordinationsstörungen der Muskeln. Mehr als 60 Kinder von Müttern, die kontaminierten Fisch gegessen hatten, wurden vor der Geburt geschädigt und kamen behindert zur

Welt. Außerdem wurden zahlreiche Spontanaborte registriert. Die geborenen Kinder wiesen motorische Störungen wie bei einer infantilen Zerebralparese auf und waren geistig retardiert. Die Obduktion von zwei Kindern ergab unvollständig entwickelte Gehirne und diffusere Nervenzellschäden als bei Erwachsenen. Experimentelle Untersuchungen haben bestätigt, dass fetale Gehirne in der Frühschwangerschaft anfälliger für Entwicklungsstörungen sind und gegen Ende der Schwangerschaft für Nervenzelldegeneration. Die fetalen Nervenzellen werden eher als die mütterlichen durch Quecksilberverbindungen geschädigt.«

Größere Umweltkatastrophen im Zusammenhang mit Quecksilber ereignen sich immer wieder einmal. Zum Beispiel starben 1971 im Irak 459 Menschen und 6 530 mussten in Krankenhäusern behandelt werden, nachdem sie mit Quecksilber verseuchtes Getreide gegessen hatten. In Argentinien erlitten 1980 mindestens 7 000 Säuglinge Vergiftungen durch Stoffwindeln, die zum Schutz gegen Pilzbefall mit einer Quecksilberverbindung imprägniert waren. 1990 zog das Gesundheitsamt von Columbus, Ohio Stichproben und konnte in einer Wohnung Quecksilberdämpfe nachweisen, die den zulässigen Grenzwert um das 800fache überschritten. Bei einem Kleinkind, das in dieser Wohnung lebte, wurde eine Akrodynie, eine chronische Quecksilbervergiftung, diagnostiziert. Kinder mit dieser Erkrankung haben heftige Schmerzen an den Händen und Füßen, Hautausschläge, zeigen Wesensveränderungen und Entwicklungsstörungen. Oft lockern sich die Zähne, Handflächen und Fußsohlen verfärben sich bläulich-rötlich.

Die infantile Zerebralparese bei Neugeborenen ist häufiges Symptom einer Quecksilbervergiftung, die einen frühkindlichen Hirnschaden bedingen kann. Deshalb müssen Ärzte bei einer solchen zerebralen Kinderlähmung immer auch an eine mögliche Quecksilbervergiftung als Ursache denken.

Eine Quecksilbervergiftung kann ganz unterschiedliche Ursachen haben – vom chinesischen Allheilmittel bis zur Schönheitscreme.

Einen Riesenwirbel gab es auch um quecksilberhaltige Amalgamfüllungen, die als Ursache von Quecksilbervergiftungen in Verruf kamen. In Scharen ließen sich die Leute ihre Amalgamfüllungen entfernen im Glauben, dass dann ihre Kopfschmerzen, Verhaltensstörungen und andere Symptome verschwinden würden. Es ist aber keineswegs bewiesen, dass Quecksilber, das sich aus einer Amalgamfüllung löst, schädlich wäre. Im Übrigen ist die Gefahr verschwindend gering, dass sich Quecksilber löst, wenn Amalgam kunstgerecht verarbeitet wird! Auch die Behauptung, dass das Quecksilber aus Amalgamfüllungen die kognitiven Leistungen mindert, ist ein Märchen.

Dagegen stellt die Quecksilberbelastung der Luft international ein ernstes Problem für die Volksgesundheit dar. Weltweit ist die Quecksilberbelastung der Luft die schlimmste Ursache der Umweltverschmutzung durch Quecksilber. Die menschengemachte Konzentration von Quecksilber in der Atmosphäre erreicht inzwischen weltweit gefährliche, die Gesundheit bedrohende Werte.

Dies sollte ein weiterer Grund für uns Menschen sein, mit noch größerem Nachdruck darauf hinzuwirken, dass unsere Umwelt sauber wird, dass die Luft, die wir atmen, rein ist und dass wir den Himmel über uns nicht weiter kontaminieren. Denn wie Newton einst sagte: Was nach oben geht, muss wieder herunterkommen.

Gespenster im Gehirn?

Warum glauben die Menschen Geister zu sehen? Wie wird unser Gehirn genarrt? Man hat ernsthaft behauptet, dass die Menschen in Spukhäusern Gespenster sehen, weil sie die Sporen von psychoaktiven Pilzen aufgenommen haben, die in den alten Gemäuern wachsen. Übrigens ist das nichts Neues. Diese Deutung war bereits 1883 im *Gentleman's Magazine* zu lesen.

Bei Schwangeren schrumpft das Gehirn

Manchmal beschweren sich Frauen, dass ihr Gehirn während der Schwangerschaft schlechter funktioniert. Zum Beispiel können sie sich angeblich nicht so gut konzentrieren wie sonst. Eine Gruppe britischer Forscher glaubt, dafür eine Erklärung gefunden zu haben: Während der Schwangerschaft schrumpft das Gehirn, und danach braucht es bis zu sechs Monate, um seine vorherige Größe wieder zu erlangen. Angeblich erklärt dieses unerwartete Phänomen auch die Wochenbettdepression, unter der manche Frauen leiden. Meist wird dieser Zustand jedoch mit dem Absturz der Östrogene nach der Geburt begründet.

XX

DAS MÖRDERISCHE GEHIRN I: WODURCH WIRD EIN MENSCH ZUM MÖRDER?

Im 10. Kapitel wurde bereits erwähnt, dass im Gehirn von Verbrechern ein Mechanismus existieren könnte, der einen »Kick« durch kriminelles Handeln auslöst. Und wie verhält es sich mit dem Gehirn der schlimmsten Verbrecher – dem von Mördern? Kommt es bei Mördern zu einer physiologischen Erregung, während der sie unbewusst versuchen, ihr Erregungs-Niveau durch eine Mordtat zu steigern? Könnte dies zum Beispiel den Nervenkitzel beim Töten erklären?

Verhaltenswissenschaftler und Mediziner beurteilen diese Frage einheitlich. Bislang wurde noch keine spezifische Definition eines Mörderhirns formuliert, es sei denn durch Extrapolation derer, die den »kriminellen Kick« suchen. Indessen wird weitergeforscht und das Bild könnte sich ändern.

In den 1960er-Jahren haben Verhaltensforscher jedoch Frühwarnzeichen im Verhalten von Kindern definiert, die auf eine spätere Karriere als Mörder hindeuten könnten. Obwohl dieses Forschungsgebiet ausgesprochen kontrovers ist und keine zwei Experten einer Meinung sind, finden sich in der Kindheit von Mördern immer wieder die gleichen Faktoren.

Die Ärzte Daniel Hellman und Nathan Blackman beschrieben 1966 drei Verhaltensweisen in der Kindheit, die nach ihrer Erfahrung am ehesten eine Voraussage auf spätere Tötungsdelikte zulassen: Bettnässen bis in die späte Kindheit, Zündeln und Grausamkeit gegen Tiere.

Das Bettnässen weist auf schwere Störungen des Gefühlslebens hin; Zündeln ist Ausdruck mangelhafter oder fehlender Achtung der Gesellschaft und ihrer Regeln, und Tierquälerei zeigt sowohl eine fehlende Achtung vor dem Leben als auch eine Neigung zu Gewalt – alles wesentliche Elemente eines Mörder-Profils. Die genannten Faktoren gingen unter dem Begriff »Frühwarn-Triade« in die Fachliteratur ein und werden darin nach wie vor auch zitiert.

Blair Justice und zwei Kollegen forderten 1974, diese Triade um weitere Faktoren zu ergänzen: Prügeleien mit anderen Kindern, Wutausbrüche, Schulversagen und Schulschwänzen sowie eine Unfähigkeit, mit anderen auszukommen. Die genannten Verhaltensweisen sind bis zu einem geringen Grad bei Kindern normal, werden aber problematisch, sobald sie ausufern oder ein Dauerzustand sind.

Justice und Kollegen stützen ihre Ansicht auf die gründliche Auswertung von 1 500 Fallberichten über Gewalt aus 237 Fachzeitschriften. In 188 dieser Publikationen werden Symptome oder Verhaltensmuster aufgelistet. Außerdem dokumentierte die Arbeitsgruppe auf Tonband 779 Interviews mit pathologisch gewalttätigen Personen und ihren Betreuern. Darüber hinaus werteten die Forscher weitere 1 055 Fallgeschichten aus.

Das Fazit der Arbeitsgruppe nach Abschluss ihrer Untersuchungen besagt, dass Prügeleien der am häufigsten genannte prognostische Faktor potenzieller Gewalt waren. Die Gruppe belegt ihre Erkenntnisse mit einer Reihe bezeichnender Fallstudien über gewalttätige Gefängnisinsassen, die in ihrer Kindheit ganz klar viele der Frühwarnzeichen aufwiesen. Hier ein typisches Beispiel:

Der 19-jährige Donald saß wegen schweren Raubmordes eine lebenslängliche Freiheitsstrafe ab. Beim Interview seines früheren Lehrers, der ihn besuchte, stellte sich heraus, dass Donald im Alter von zehn Jahren in der Schule unaufmerksam war, log, sich zwei- oder dreimal in der Woche prügelte, sich wie ein Tyrann aufführte und kaum hinlänglich lesen, schreiben und rechnen konnte. Er hatte sehr wenige Freunde und verbrachte die meiste Zeit vor dem Fernseher oder indem er allein durch die Gegend stromerte. Mit zehn begann er die Schule zu schwänzen und blieb auch prompt sitzen. Bereits mit sechs beging er die ersten kleinen Diebstähle (Selbstbedienungsbar für Süßigkeiten).

1983 belegte die Arbeitsgruppe von Dorothy Lewis, dass noch andere Faktoren einzubeziehen sind: der Einfluss von Vater und Mutter und der Gesundheitszustand des Kindes.

Zunächst stellten sie fest, dass spätere Mörder in ihrer Kindheit oft gewalttätige Väter hatten, die sich ihnen oder anderen Menschen gegenüber gemeingefährlich verhielten. Häufig ist die Mutter Adressatin der bösartigen väterlichen Attacken, aber auch die Säuglinge und Kleinkinder sind der Gewalt ausgeliefert. Mörder hatten oft in ihrer Kindheit die Anwesenheit des biologischen Vaters entbehrt, der die Familie für längere Perioden oder für immer verließ.

Väter von Mördern waren überdurchschnittlich häufig alkoholkrank oder drogenabhängig. Das überrascht nicht, denn viele ältere und neue Studien haben längst einen deutlichen Zusammenhang zwischen Alkoholismus, Drogenmissbrauch und Mord aufgedeckt.

Die Gruppe von Lewis hat ferner nachgewiesen, dass Mütter von Mördern überproportional häufig wegen psychiatrischer Erkrankungen im Krankenhaus behandelt werden mussten und stärker als andere Mütter zu Kindesmissbrauch neigen. Nachweislich waren die späteren Mörder in ihrer Kindheit viel häufiger als ihre Altersgenossen Zeugen oder Opfer von Kindesmissbrauch und anderen Formen häuslicher Gewalt.

Mörder litten in ihrer Kindheit außer an Bettnässen an einer Vielzahl körperlicher und seelischer Gesundheitsstörungen, beispielsweise vor allem an Krämpfen. Derartige Krämpfe können unterschiedliche Bedeutung haben, unter anderem auf einen organischen Hirnschaden hinweisen, der in einem Mordfall eine Rolle spielen könnte. Vor Gericht könnte dies eine verminderte Zurechnungsfähigkeit rechtfertigen.

Verglichen mit Normalbürgern traten bereits in der Kindheit der späteren Mörder hartnäckige psychotische und soziopathische Symptome sowie verschiedenartige neurologische Behinderungen auf. Viel öfter als der Durchschnitt fanden sich bei den Mördern Suizidgedanken und -versuche bereits in der Kindheit. Viele spätere Mörder hatten, manchmal lange vor ihrer Mordtat, versucht sich umzubringen und waren deshalb in Therapie gewesen.

Dieselben Frühwarnzeichen geraten bei ähnlich angelegten Untersuchungen ins Blickfeld, bei denen nicht Mörder als solche die Zielgruppe darstellten, sondern auf andere Weise krankhaft gewalttätige Personen.

1985 wurde einer der Faktoren der genannten Frühwarn-Triade, Tierquälerei in der Kindheit, untersucht. Die Forscher verglichen drei Gruppen miteinander: aggressive Kriminelle (unter ihnen wenige Mörder), nicht-aggressive Kriminelle und Nichtkriminelle. Dabei stellte sich heraus, dass Tierquälerei bei den aggressiven Kriminellen deutlich häufiger vorgekommen war als bei den beiden anderen Gruppen. In den Familien, aus denen die aggressiven Kriminellen stammten, die als Kinder durch Tierquälerei aufgefallen waren, wurde wesentlich häufiger körperliche Gewalt ausgeübt, insbesondere durch alkoholabhängige Väter.

Unter den Merkmalen einer »aggressiven Verhaltensstörung«, die bei bestimmten familiären Verhältnissen zu beobachten sind, findet sich eine Reihe antisozialer oder aggressiver Symptome, Zündeln, früher Beginn des abnormen Verhaltens und von den gesellschaftlichen Normen abweichendes Verhalten der Familien. Darüber hinaus scheint der Nachwuchs von Erwachsenen, die zu Gewalttätigkeit neigen, öfter Unfälle zu erleiden.

In einer Studie des Jahres 1991 gingen Alain Labelle und seine Mitarbeiter der Frage nach, warum bei vielen Nationen der Erde die Zahl der von Jugendlichen begangenen Morde beunruhigend zunimmt. Auch diese Arbeitsgruppe behauptet, man müsse sich zuallererst die Familie des Mörders anschauen, wenn man begreifen wolle, warum junge Menschen einen Mord begehen. In Anbetracht der weltweit ansteigenden Jugendgewalt ist es höchst merkwürdig, dass unser Wissen über das Phänomen »jugendliche Mörder« immer noch ziemlich dürftig ist.

Zwar ist bei allen Mördern das Motiv für die Tat bekannt, doch sind die Faktoren, die einen Menschen dazu bringen, die Tat wirklich auszuführen, noch unklar, insbesondere bei jugendlichen Mördern.

Labelle und Mitarbeiter stellten fest, dass der »typische« Mörder zwischen zwanzig und dreißig Jahre alt ist. Jugendliche Mörder sind die unter zwanzig. Sie sind die Altersgruppe, die am drittwahrscheinlichsten einen Mord begeht. Sechzehnjährige begehen mehr Morde als 15-Jährige, 17-Jährige mehr als 16-Jährige und so fort. Morde durch Kinder sind äußerst selten. Und wie die erwachsenen gehören auch die jugendlichen Mörder in der Regel zum männlichen Geschlecht. Das Verhältnis der männlichen zu weiblichen Mördern beträgt 10:1.

Viele Fachleute äußern die Ansicht, dass die Biografie von Erwachsenen oder Jugendlichen, die einen Mord begehen, meist keine Geisteskrankheit ausweist. Sie glauben aber, dass in Wirklichkeit eine derartige Krankheit dem Mord vorausging, jedoch entweder nicht diagnostiziert oder nicht behandelt wurde. Tatsächlich war die überwiegende Mehrzahl der erwachsenen Mörder früher weder psychiatrisch untersucht noch behandelt worden. Von der Mehrzahl dieser Delinquenten stellte sich aber anschließend heraus, dass sie nicht nur psychiatrisch krank waren, sondern an einer bestimmten Form einer psychiatrischen Krankheit litten, einer Spaltung des Bewusstseins. Auch anderen Studien zufolge sind die meisten heranwachsenden Mörder schizophren, psychotisch oder hochgradig suizidgefährdet.

Viele Experten meinen zudem, dass Mörder vor dem Mord eine lange kriminelle Vergangenheit haben, was andere wiederum bestreiten. Nach einer neueren Studie über 200 Mörder hatten nur 38 Prozent vor der Tat andere Straftaten begangen.

Es wird häufig angenommen, dass Mörder unterduchschnittlich intelligent seien. Nach dem bisherigen Stand der Untersuchungen ist diese Vermutung jedoch nicht durchgängig zulässig. Einerseits gibt es nämlich überdurchschnittlich intelligente Mörder, andererseits ergab eine Studie, dass nur einer von sieben Mördern einen IQ über 90 hatte – normale Intelligenz beginnt bei einem IQ von 100.

Meist kennen erwachsene Mörder ihr Opfer. Tatsächlich sind Mörder und Opfer nur in 15 Prozent der Morde einander fremd. Außerdem geschehen 70 Prozent der Morde von Erwachsenen nach einem häuslichen Streit. In beiden Fällen jedoch, bei jugendlichen wie bei erwachsenen Mördern, spielt es eine wesentliche Rolle, ob im Haus des Täters Feuerwaffen oder andere Mordinstrumente greifbar sind.

Weit verbreitet ist auch der Glaube, dass bei Gewaltverbrechen von Erwachsenen oft Alkohol und Drogen mit im Spiel sind. Überraschenderweise lässt sich ein solcher Zusammenhang aber noch nicht sicher beweisen. Dies ergab auch eine Überprüfung der Akten von 621 Mördern unter dem Aspekt von Drogenkonsum. Gelegentlich spielt Alkohol bei Verbrechen eine Rolle, dann aber ist kein Unterschied hinsichtlich gewalttätiger und nicht-gewalttätiger Straffälliger zu erkennen.

Bestätigt hat sich allerdings die frühere Erkenntnis, dass die drei mehrfach erwähnten Frühwarnsymptome der Kindheit auf eine spätere Karriere als Mörder hinweisen können: Grausamkeit gegen Tiere, Bettnässen bis in die späte Kindheit und Zündeln. Andere Faktoren können die Liste verlängern, darunter ADHS, die Aufmerksamkeits-Defizit-/Hyperaktivitäts-Störung, Kopfverletzungen und Schädigungen des zentralen Nervensystems. Diese Faktoren sollten nicht unterschätzt werden, zumal sie nachweislich auch mit anderen antisozialen Verhaltensweisen einhergehen. Hinsichtlich dieser Zusammenhänge gibt es jedoch so viele Argumente dafür wie dagegen.

Definitiv der einzige und wichtigste Faktor, der bei jugendlichen Mördern zum Tragen kommt, ist die charakteristische problematische Familienstruktur. Chronisch zerrüttete Familienverhältnisse haben sich als wesentlicher Faktor bei Fällen von Morden durch Erwachsene und Jugendliche, Gewalttaten und Delinquenz erwiesen. Studien über Erwachsene, Jugendliche und Kinder, die einen Mord begingen, ergaben einhellig schwere Zerrüttungen der Familie. Oft berichten die Täter auch, als Kinder oder Jugendliche Zeuge oder Opfer körperlicher Gewalt geworden zu sein. Das Spektrum umfasst seelische Deprivation, Prügeleien zwischen Vater und Mutter, körperliche Züchtigung, elterliche Brutalität, absichtliche Grausamkeit und sexuellen Missbrauch durch Verwandte.

Verhaltensforscher und Mediziner streiten nach wie vor über die Rolle und das Gewicht von Prognosefaktoren der Kindheit für späteren Mord. Unabhängig von ihrem genauen Stellenwert scheint man jedoch sicher zu sein, dass die meisten, wenn nicht alle Frühwarnzeichen wahrscheinlich bereits identifiziert worden sind. Bei einer derart unexakten Wissenschaft sind indes jederzeit neue Entdeckungen möglich. Beispielsweise stehen wir bei der Erforschung biochemischer Faktoren und ihrem Einfluss auf das zentrale Nervensystem erst am Anfang. Dieser Forschungszweig könnte aufregende Erkenntnisse bringen. Wir haben ja gesehen, welche Resultate die Erforschung von kriminellen Kicks und Nervenkitzeln gezeitigt hat.

Nichtsdestoweniger ist Mord ein kompliziertes, rätselhaftes Geschehen, das die Fachleute immer wieder verwirrt. Das war schon in der Vergangenheit so. Der Philosoph und Schriftsteller Theodor Lessing kommentierte 1920 das Gerichtsverfahren gegen den Massenmörder Fritz Haarmann: »Wir wissen nicht einmal, ob Tiere, wenn sie sich gegenseitig in Stücke reißen, ein gewisses sinnliches Vergnügen dabei empfinden, sodass man, wenn der Wolf das Lamm reißt, ebenso gut sagen kann ›Er mag Lämmer‹ wie ›Er hasst Lämmer‹.«

Bis die Forschung ein klares Bild entwerfen kann, müssen wir uns mit der ältesten Wahrheit der Verhaltenswissenschaften begnügen: Um zu begreifen, warum Kinder missraten, muss man sich ihre Familie anschauen.

Bewirken zerebrale Krampfanfälle, dass Mörder aktiv werden?

Ein Psychiater der Harvard-Universität behauptet, dass ein kleiner Prozentsatz der Menschen, die einen brutalen und unerklärlichen Mord begehen, unmittelbar vor der Gewalttat »ein Gewitter im Kopf« haben. Derartige Krampfpotenziale könnten vorübergehend die Tötungshemmschwelle ausschalten. Sobald die Potenziale sich normalisiert haben, sind diese Menschen entsetzt über ihre Tat. Plötzlich sehen sie sich mit einer Leiche konfrontiert. Sie haben keine Vorstellung, was passiert ist und warum. Die Krampfpotenziale entstehen angeblich im limbischen System und lösen eine psychotische Reaktion aus.

Wenn das Gehirn uns täuscht

Warum sind die Aussagen von Augenzeugen oft so widersprüchlich? Warum geben zwei Zeugen, die dasselbe Verbrechen aus demselben Blickwinkel beobachtet haben, oft so verschiedene oder völlig voneinander abweichende Hergangsbeschreibungen? Israelische Forscher glauben den Grund zu kennen: Was wir sehen, könnte buchstäblich von unserem Geisteszustand abhängen. Die Wissenschaftler bestimmten die Reaktionen des Gehirns von Versuchspersonen auf verschiedene visuelle Reize (spannungsempfindliche

Augenfarbstoffe, deren Stimulation die Gehirnzellen veranlasst zu feuern). Das Gehirn reagiert unterschiedlich, je nachdem ob das Auge etwas Bekanntes oder etwas Fremdes wahrnimmt. Auch die aktuellen Gedanken und die Stimmung eines Menschen beeinflussen das Gehirn. Ist die Stimmung schlecht, dann ist das Gehirn der betreffenden Person vielleicht nicht bereit, auf die gleiche Weise zu sehen wie jemand, der direkt neben ihr steht.

XXI

DAS MÖRDERISCHE GEHIRN II: DER SERIENMÖRDER

Was macht einen Serienkiller aus?

Soweit wir heute wissen, ist der typische Serienmörder ein sexuell gestörter Mann, der allein oder bei einem Elternteil lebt. Er ist unfähig, mit einer anderen Person eine gesunde sexuelle Beziehung zu leben. Tatsächlich ist sein unmittelbares Motiv alles andere als großartig. Er wünscht sich sexuelle Belohnung. Das Töten ist nur ein Merkmal seiner Art zu vergewaltigen.

Robert K. Ressler, ehemaliger FBI-Agent und wahrscheinlich einer der besten Kenner der Psychologie von Serienmördern, behauptet, es gebe keinen Serienmörder, der nicht aus sexuellen Motiven getötet habe. Ihm sei noch nie ein Serienmörder vorgekommen, der glücklich verheiratet war oder eine dauerhafte Beziehung zu einer Frau hatte.

Den Begriff »Serienkiller« schlug Ressler in den 1970er-Jahren vor, als er an der Ausbildungs-Akademie des FBI in Quantico, Virginia an der Entwicklung psychologischer Profile von Serienmördern arbeitete.

In seinem Buch *Whoever Fights Monsters: My Twenty Years Hunting Serial Killers for the FBI* (Kampf gegen Monster: Zwanzig Jahre Jagd auf Serienmörder) behauptet Ressler, dass ein Mensch nicht als Serienmörder geboren, sondern dazu gemacht wird.

Alle Serienmörder hatten eine ähnliche Kindheit. Ihr Leben beginnt mit einer lieblosen Mutter und einem abwesenden oder prügelnden Vater. Vor allem deswegen lernen sie nie, zwischen Recht und Unrecht zu unterscheiden. Ziemlich oft hat der Vater die Familie sitzen lassen, nachdem das Kind Opfer von psychologischem, körperlichem oder sexuellem Missbrauch geworden ist. Mitunter setzt die Mutter die Quälereien fort. Wenn diese Kinder keine Hilfe durch Geschwister, durch die Schule oder durch soziale Dienste bekommen, wachsen sie einsam heran und lernen nicht, wie man mit anderen Menschen umgeht.

Schließlich werden sie zwanghaft von abnormen sexuellen Fantasien heimgesucht.

Wie sich herausstellte, wird die Motivation von Serienmördern meist zu einem wesentlichen Teil von der Fantasie bestimmt. Von Kindheit an ist bei Serienmördern außerdem oft anhaltend exzessives Tagträumen zu beobachten, ferner zwanghafte Masturbation, äußerster Rückzug auf sich selbst, notorisches Lügen, Schulschwänzen, Aufsässigkeit, zwanghaftes Stehlen und Grausamkeit gegen andere Kinder und gegen Tiere.

Dem New Yorker Gerichtspathologen John Hayes zufolge erschleichen sich Serienmörder das Vertrauen ihrer Opfer oder verführen sie zum Tod (Massen-Selbsttötung). Das kann durch Geld geschehen, durch das Versprechen herrlicher Zeiten oder sogar ein Stellenangebot. Und mit jedem weiteren Mord denken sie sich raffiniertere Tricks aus, ihr Ziel zu erreichen – und natürlich zu vermeiden, dass man sie entdeckt.

Serienmörder haben bestimmte Verhaltensmuster, die schließlich im Verlauf der polizeilichen Ermittlungen zutage treten. Beispielsweise haben alle ermordeten Frauen den gleichen Hintergrund oder sie weisen besondere körperliche Merkmale auf. Manchmal gleichen die Frauen dem Frauentyp, mit dem die Beziehung des Mörders gescheitert ist.

Außerhalb des eigentlichen Mordes nimmt der Mörder vorher und nachher stark ritualisierte Handlungen vor. Die Vorbereitungen können Stunden oder sogar Tage dauern.

»Wenn es jedoch überhaupt einen Schlüssel zu diesen Tätern gibt, dann ist es immer wieder die sexuelle Motivation ihres Handelns«, meint Ressler, der über 100 Gewalttäter interviewt hat. Nach seiner Ansicht handelt es sich um sexuell hochgradig gestörte Männer. Das heißt, sie waren unfähig zu reifem partnerschaftlichen sexuellen Erleben mit einem anderen Erwachsenen, und diese Unfähigkeit setzen sie in Sexualmorde um.

Tatsächlich könnte der Serienmord als solcher eine verdrehte Methode sein, um zu dem zu gelangen, was die Durchschnittsmenschen mit normaleren Mitteln erreichen. Für Serienmörder beispielsweise, die ihre Opfer strangulieren, stellt es eine bizarre »Intimität« her, wenn sie im Augenblick des Todes Auge in Auge mit ihrem Opfer sind.

In seinem Buch lässt Ressler 20 Jahre FBI-Tätigkeit vor uns Revue passieren und vermittelt einen Einblick in Fälle, in denen er der Polizei anhand psychologischer Täterprofile half, Mördern auf die Spur zu kommen. Zum Teil berichtet Ressler in seinem Buch detailliert über Begegnungen mit inhaftierten Serienmördern wie Jeffrey Dahmer, Charles Manson, Ted Bundy und David (»Son of Sam«) Berkovitz.

Nach Resslers Urteil ist sogar verabscheuungswürdiges, unsäglich kriminelles Verhalten weder einzigartig noch unverständlich. Solche Morde hat es auch früher gegeben, und wenn man sie gründlich analysiert, werden sie hinreichend begreiflich, sodass sich aus ihnen bis zu einem gewissen Grad voraussagbare Muster ableiten lassen.

Ressler unterscheidet bei Serienmördern zwei Grundtypen: den planlosen und den organisierten Mörder.

Der planlose Mörder tötet in einem spontanen Ausbruch; oft wählt er sein Opfer, weil es gerade anwesend ist. Er tötet rasch, führt den sexuellen Akt oft nicht zu Ende und ist wenig oder gar nicht darauf bedacht, die Spuren seines Verbrechens zu tilgen.

Dagegen plant der organisierte Mörder sein Verbrechen in allen Einzelheiten, geht gezielt auf die Jagd nach einem bestimmten Opfer und benutzt oft denselben Vertrauen schaffenden Trick, um das Opfer in sein Verhängnis zu locken. Organisierte Mörder benutzen auch häufig Fesseln wie Handschellen oder Stricke. Gewöhnlich töten sie langsam und beseitigen die Leiche gründlich, nicht ohne sich zuvor einen Gegenstand, den das Opfer bei sich trägt, als »Trophäe« anzueignen.

Resslers Interviews mit den Serienmördern vermitteln einen äußerst aufschlussreichen persönlichen Einblick in drastisch verzerrte Geisteszustände. David Berkovitz beispielsweise erzählte Ressler, dass ihm die Vorstellung gefiel, ein berüchtigter Killer zu sein, und dass er in den 1970er-Jahren vorhatte, in jedem New Yorker Stadtteil eine Person zu ermorden, nur weil die Medien spekuliert hatten, ob er es tun würde oder nicht.

Richard Trenton Chase, der Blut trinkende »Vampir«, der in den 1970er-Jahren sechs Menschen in Sacramento, Kalifornien ermordete, gestand, er habe seine Opfer gefunden, indem er einfach eine Straße entlanggegangen und durch die nächstbeste unverschlossene Tür in Wohnungen eingedrungen war. Auf die Frage, warum er verschlossene Türen nicht aufgebrochen habe, antwortete Chase: »Oh, wenn eine Tür zugesperrt ist, bedeutet das, dass man nicht willkommen ist.«

Edmund Kemper, der in der Region Santa Cruz in Kalifornien Anfang der 1970er-Jahre acht Frauen tötete und enthauptete, erklärte, es sei ein tolles Gefühl gewesen, eine Leiche im Kofferraum zu haben, während er seine Mutter besuchte, die er hasste. Er begrub sogar den Kopf eines seiner Opfer vor dem Schlafzimmerfenster seiner Mutter.

Es mag vielleicht überraschen, dass Ressler die Todesstrafe für Serienmörder nicht befürwortet. Vielmehr findet er, sie sollten zu Studienzwecken eine lebenslängliche Freiheitsstrafe abbüßen. An eine Rehabilitation glaubt Ressler nicht, denn diese Männer haben nie gelernt, wie man mit anderen menschlichen Wesen umgeht. Es ist unwahrscheinlich, dass sie diese fundamentalen interpersonalen Fähigkeiten im Gefängnis erlernen werden. Einen zornigen, wütenden, aggressiven zu einem einfühlsamen Mann umzuerziehen, der sich in der Gesellschaft anpasst, ist praktisch unmöglich.

Dennoch streiten sich Psychiater und Psychologen trotz der verabscheuungswürdigen Taten dieser Männer, ob Serienmörder geisteskrank sind. Ein Beispiel für diese Uneinigkeit zitiert Joan Ullman, eine klinische Psychologin der Universität Chicago, die dem Prozess gegen Jeffrey Dahmer beiwohnte: Ein

Psychiater plädierte gegen Dahmer, der Zurechnungsunfähigkeit geltend machte, und argumentierte, Dahmer habe seine Zurechnungsfähigkeit bewiesen, weil er daran dachte, ein Kondom überzuziehen, bevor er mit seinen getöteten Opfern oder mit Körperteilen von ihnen kopulierte. Der Psychiater bezeugte, Dahmers Fähigkeit, die Belohnung hinauszuzögern, und seine Fähigkeit zur Impulskontrolle bewiesen, dass er sein Verhalten an gesellschaftlichen Normen auszurichten vermochte.

Den meisten Menschen erscheinen die Taten von Serienmördern so entsetzlich, dass man es verzeihlich finden wird, wenn sie sich fragen, ob diese Individuen wirklich zur selben Spezies gehören oder ob es sich um grausame Mutanten handelt.

In dem Film *Das Schweigen der Lämmer* sagt Hannibal Lecter (gespielt von Anthony Hopkins) zu Officer Clerice Starling (gespielt von Jodie Foster): »Nichts ist mir geschehen, Officer Starling. Ich bin wie ich bin. Sie können mich nicht auf ein paar Einflüsse reduzieren. Sie haben Gut und Böse dem Behaviourismus geopfert, Officer Starling. Sie unterstellen jedem moralische Würde – nichts ist jemals irgendjemandes Schuld. Schauen Sie mich an, Officer Starling. Können Sie weiter behaupten, ich sei böse? Bin ich böse?«

Kino im Gehirn

Die meisten Menschen glauben, dass die Dinge, die wir sehen, irgendwie in ein einzelnes Kino im Kopf projiziert werden. Forscher haben aber nachgewiesen, dass das Sehen eher wie ein Multiplexkino funktioniert, in dem jede Leinwand eine etwas andere Version desselben Films zeigt. Verschiedene Gehirnregionen übernehmen beim Sehvorgang verschiedene Aufgaben.

Speer durchbohrt Gehirn eines Mannes – Mann überlebt!

Aus Versehen schoss sich der 33-jährige Sporttaucher Van Hoa Pham aus Mill Park bei Melbourne eine Harpune durch die Stirn und überlebte. Die spitze, mit Widerhaken versehene Waffe verschonte knapp das rechte Auge des Mannes, durchbohrte aber zwei Drittel des Gehirns. Die Ärzte brauchten fast drei Stunden, um dem Taucher die Harpune herauszuoperieren. Nach Auskunft des Neurochirurgen Dr. Graeme Brazenor wird Pham wie durch ein Wunder wahrscheinlich keine Spätschäden davontragen.

XXII

ZWANGSNEUROSEN: WENN WIR UNSEREN RITUALEN IN DIE FALLE GEHEN

Was geschieht im menschlichen Gehirn, wenn der Geist gezwungen ist, sich in Rituale zu flüchten – in die Rituale der Zwangsneurose?

Zwangsstörungen sind ein Zustand, in dem das Individuum sich ein Gefühl der Sicherheit nur verschaffen kann, indem es ein bestimmtes Verhalten ständig wiederholt. Eine Zwangsneurose ist stumm und unsichtbar. Sie kann sich in jeder denkbaren Form äußern. Ohne Unterlass kann sie Menschen quälen, die vielleicht ansonsten ein ganz normales Leben führen. Sie kann aber auch einem Menschen die Kraft rauben, seinen Alltag zu bewältigen.

Eine Zwangsneurose kann jeden in jedem Alter erwischen. Sie selbst oder eine Person, die Ihnen nahe steht, können eine oder mehrere Zwangsneurosen haben – möglicherweise ohne es überhaupt zu wissen. Und doch gibt die Zwangsneurose trotz umfassender Untersuchungen über Generationen den Wissenschaftlern Rätsel auf und die Betroffenen plagen sich weiter damit – manchmal ein Leben lang.

Eine führende Expertin für Zwangsneurosen, Dr. Judith Rapoport, leitet die kinderpsychiatrische Abteilung des National Institute of Mental Health in Washington, D.C. Sie unterscheidet im Wesentlichen drei zwangsneurotische Rituale: Kontrollzwang, Pedanterie und Waschzwang. Bei Kontrollzwang vergewissert sich der Neurotiker immer wieder, ob das Licht aus, Türen oder Fenster geschlossen sind, und prüft vielleicht 10-, 20-, ja 100-mal das Haustürschloss. Er wiederholt Handlungen, die mitunter sehr sonderbar sind, ohne Sinn für andere Belange. Pedanten hingegen bringen oft Stunden damit zu, in ritualisierter Form Symmetrie herzustellen: z.B. müssen die Schnürsenkel genau gleich gebunden sein, die Augenbrauen müssen bis aufs Haar gleich sein und so fort. Die meisten Zwangsneurotiker jedoch leiden unter Waschzwang. Menschen mit Waschzwang müssen immer wieder sich oder die Gegenstände ihres Umfeldes reinigen, und zwar ungeachtet der Tatsache, dass auf einem Gegenstand nicht das geringste Staubkörnchen zu entdecken ist, und obwohl der Neurotiker sich bewusst ist, dass er den Gegenstand vielleicht erst vor ein paar Minuten geputzt hat.

In ihrer klassischen Untersuchung zu dem Phänomen, *The Boy Who Couldn't Stop Washing* (Der Junge, der sich dauernd waschen musste), schreibt Dr. Rapoport: »... alle diese Probleme haben etwas gemeinsam: Der Patient kann seinem normalen gesunden Urteil nicht trauen, er kann nicht den Augen trauen, die keinen Dreck sehen, oder glauben, dass die Tür wirklich zugesperrt ist. Er weiß, dass er nichts versäumt hat, aber trotz dieser Einsicht muss er weiter kontrollieren und zählen. *Er wird den Gedanken nicht los.* Der Zwang kommt immer wieder und er fragt sich: ›Kann ich denn wirklich sicher sein? Ich spüre doch noch, dass irgendwas nicht stimmt.‹ Der Zwang, kleine und heimliche oder komplizierte und auffallende irrationale und bizarre Rituale ständig zu wiederholen, ist dramatisch und bemerkenswert. Dies ist das Charakteristische an Zwängen.«

Im englischen Sprachraum werden die Zwangsneurosen als »Störungen mit Zwangsgedanken und Zwangshandlungen« *(obsessive-compulsive disorders)* bezeichnet, da nach Auffassung der meisten Experten bei der Zwangsneurose Zwangsgedanken und Zwangshandlungen voneinander untrennbar sind. Ein Zwangsgedanke ist eine Vorstellung, ein Impuls oder ein Bild, das den Kranken ständig bedrängt, indem es ihn elend macht, seine Zeit raubt, Routinetätigkeiten erschwert, berufliche oder gesellschaftliche Aktivitäten stört oder normale zwischenmenschliche Beziehungen beeinträchtigt. Der Neurotiker weiß, dass die Zwangsvorstellung nur in seinem/ihrem Gehirn vorhanden ist, und dies irritiert ungemein. Er versucht, die Zwangsvorstellung zu ignorieren, zu unterdrücken oder zu neutralisieren, indem er sich intensiv mit weniger irritierenden Gedanken, Gefühlen oder Handlungen beschäftigt. Die »Zwangshandlung« oder das »zwanghafte Verhalten« ist ein wiederholtes, zielgerichtetes und absichtsvolles Verhalten als Reaktion auf Zwangsgedanken. Der korrekte deutsche Begriff lautet »Zwangsneurose«.

Zwangsvorstellungen dürfen nicht mit »Wahnvorstellungen« verwechselt werden, denn beim Wahn glaubt der Kranke, dass seinem Geist durch eine äußere Macht etwas aufgezwungen wird. Dagegen will der Zwangsneurotiker seinem Impuls zu Zwangshandlungen oft nicht nachgeben, vielmehr bemüht er sich nach Kräften, dem inneren Drang zu Zwangsverhalten zu widerstehen. Doch baut sich die Spannung immer weiter auf, bis der Neurotiker unweigerlich die Waffen streckt.

Vom guten Dr. Samuel Johnson (1709–1784), seines Zeichens Lexikograph, Dichter und Kritiker im alten England, ist überliefert, dass er zwanghaft Treppenstufen und Treppen zählte. James Boswell berichtet in seiner 1791 veröffentlichten Biografie *The Life of Samuel Johnson*, er habe bei unzähligen Gelegenheiten beobachtet, »wie Johnson plötzlich stehen blieb und dann todernst seine Schritte zu zählen schien; und wenn er sich bei diesem magischen Treiben verzählt oder einen anderen Fehler gemacht hatte, ging er wieder zurück, stellte sich in Positur und begann erneut mit seiner Zeremonie, und wenn er es geschafft hatte, kehrte er in die Wirklichkeit zurück und legte einen Schritt zu, um zu seinen Gefährten aufzuschließen«.

Dr. Rapoport zufolge meinte Boswell, dass Johnsons Manierismen »konvulsivisch«, krampfartig, waren und dass dieser Begriff unser heutiges biologisches Interesse an Zwangsvorstellungen und Zwangshandlungen vorwegnahm.

Der berühmteste Zwangsneurotiker des 20. Jahrhunderts war wohl der Industrielle, Flieger und Filmproduzent Howard Hughes. Nachdem er einige Affären mit den glamourösesten Frauen der dreißiger, vierziger und fünfziger Jahre gehabt hatte, zog er sich zurück und verbrachte die letzten Jahre seines Lebens wie ein Einsiedler. Hughes schottete sich gegen die Außenwelt ab, weil ihn der Gedanke beherrschte, er könnte durch Schmutz verunreinigt werden. Er fürchtete, kontaminiert und verkeimt zu werden. Sämtliche Akten und sein Essen wurden ihm von Angestellten gebracht, die OP-Masken und Spezialhandschuhe tragen mussten, damit sie nicht versehentlich mit etwas in Kontakt kommen konnten, was er berühren würde. Schließlich füllten zwangsneurotische Reinigungsrituale seinen Tag völlig aus. Paradoxerweise wurde Hughes gegen Ende seines Lebens eine schmutzige, ungekämmte Gestalt mit ungewaschenen, verfilzten Haaren, ungepflegtem Bart und Finger- und Fußnägeln, die so lang waren, dass sie sich krallenartig verkrümmten. Er ging entweder nackt oder trug lediglich eine Unterhose. Wahrscheinlich wurden Hughes' Bade- und Körperpflegerituale so überwältigend, dass er selbst schließlich nicht einmal zu der einfachsten Pflege imstande war.

Sattsam bekannt sind auch die Zwangsvorstellungen des Popsängers Michael Jackson. Wie Hughes hat er panische Angst vor Krankheitskeimen und lebt, außer wenn er auf Tournee ist, wie ein Einsiedler. Er schläft unter einem Sauerstoffzelt, obwohl dies Herz und Lunge schaden kann und vermutlich auch 1990 zu seinem eingebildeten Herzinfarkt beigetragen haben dürfte. Er ernährt sich mit einer restriktiven Diät, die nach seinen genauen Anweisungen zubereitet werden muss. Jackson ist von dem Gedanken besessen, einen vollkommenen Körper haben zu müssen, und deshalb fastet und trainiert er in einem gesundheitschädlichen Umfang. Vermutlich ist Jackson auch »süchtig« nach plastisch-chirurgischen Eingriffen und den Behandlungen, die seine Haut bleichen sollen. Vermutlich leidet er an einer ungleichmäßigen Pigmentierung der Haut, einer so genannten Vitiligo oder Hautfleckenkrankheit.

Falls die Vermutungen zutreffen, könnte Jackson an einer Variante des Münchhausen-Syndroms leiden, die Psychiater ironisch oder scherzhaft »Doktor-Sucht« nennen.

Doch während Jackson davon besessen ist, den perfekten Körper zu bekommen, lässt er sich vermutlich gleichzeitig von missgestalteten Körpern faszinieren. In den 1980er-Jahren versuchte Jackson, das deformierte Skelett von John Merrick, dem »Elefantenmann«, zu kaufen, seinerzeit ein Hätschelkind der Viktorianischen Londoner Gesellschaft (siehe in Stephen Juan, *Schmetterlinge im Bauch und andere anatomische Wunder*). Er hat eine morbide Vorliebe für gefährliche Haustiere wie Taranteln und Schlangen und ist ganz allgemein von Tieren besessen. Sein bekanntes großes Interesse für Kinder, sein riesiger Landsitz, aus dem er eine Art privates Disneyland gemacht hat, wo man ganz Kind sein darf, und sein fast religiöses Interesse an Peter Pan (zeitweise hatte er den Spitznamen »Peter Pan des Pop«) weisen auf einen Mann hin, der auf einem aus vielen Zwangsvorstellungen gedrehten Seil balanciert.

Schlagzeilen machte die tragische und erbarmungswürdige Obsession des Hollywoodregisseurs Peter Bogdanovich für seine frühere Geliebte, das *Playboy*-Model und Filmsternchen Dorothy Stratton. Nachdem Dorothy von ihrem eifersüchtigen Ehemann ermordet worden war, heiratete Bogdanovich Dorothys jüngere Schwester, bezahlte ihr Schauspielunterricht und eine Tanzausbildung und veranlasste sie, sich plastisch-chirurgischen Eingriffen zu unterziehen, damit sie das genaue Ebenbild ihrer ermordeten Schwester werde.

Ein weiterer Hollywoodregisseur, Alfred Hitchcock, war nicht nur berühmt wegen seiner spannenden Thriller, sondern bekannt für seine Obsession für blonde Hauptdarstellerinnen, unter ihnen so berühmte Namen wie Ingrid Bergman, Grace Kelly, Kim Novak, Eva Maire und Tippi Hedren. Hitchcock soll ein Voyeur gewesen sein. Voyeurismus ist eine psychiatrische Störung, bei der die Betroffenen nur durch »Hinschauen« sexuelle Befriedigung erlangen können. Filmhistoriker glauben, Hitchcock habe deshalb ständig suggeriert, dass seine Hauptdarstellerinnen verführt oder vergewaltigt wurden, wenn er hinter der Kamera stand. Die Schauspielerin Vera Miles ließ Hitchcock deshalb sitzen und Audrey Hepburn ebenfalls (eine der wenigen Brünetten in Hitchcocks Sammlung).

Oft beschreiben Hitchcocks Filme psychiatrische Probleme: z.B. *Marnie* (Kleptomanie – zwanghaftes Stehlen), *Frenzy* (Serienmord), *Vertigo* (Schwindel, hier Höhenangst; und Erotomanie – zwanghaftes Verfolgen einer anderen Person), *Die Vögel* (Zoophobie – Angst vor Tieren) und *Psycho* (transvestitischer Fetischismus mit Mord), um nur einige zu nennen. Und Hitchcocks eigene Zwangsneurose, der Voyeurismus, wird hervorragend im *Fenster zum Hof* dargestellt.

Ein großer Teil der psychologischen Literatur über Zwangsvorstellungen setzt sich mit sexuellen Obsessionen auseinander. Der deutsche Psychiater Richard von Krafft-Ebing schockierte 1886 die prüden Leser mit der Veröffentlichung seines Werkes *Psychopathia sexualis.* Vielleicht besser als je ein Kollege vor oder nach ihm schilderte Krafft-Ebing die sexuellen Obsessionen seiner Zeitgenossen im Europa des 19. Jahrhunderts. Der britische Autor Colin Wilson formulierte es so: »Das Verblüffendste an diesem Buch ist die Fülle der beschriebenen sexuellen Perversionen. Nachdem der Leser etwa ein Dutzend Fälle studiert hat, gewinnt er den Eindruck, als tummelten sich im Berlin oder Wien des 19. Jahrhunderts nur so die Sadisten, Masochisten, Voyeure, Fetischisten und Transvestiten.«

Natürlich war die *Psychopathia sexualis* ein erfolgreicher Bestseller, aber sie hätte auch fast Krafft-Ebings Rausschmiss aus dem Verband seiner britischen Berufskollegen bewirkt.

Die Obsessionen der meisten Menschen bleiben ihre Privatangelegenheit und meist braucht sich auch außer Angehörigen, guten Freunden und einem Arzt niemand damit auseinander zu setzen, es sei denn, ein Zwangsneurotiker würde straffällig. Doch wie bei Prominenten können die Zwangsvorstellungen mancher Leute nicht verborgen bleiben. Die Öffentlichkeit hat nämlich eine unstillbare Gier, die Verhaltensmacken der Reichen und Berühmten zu erfahren. Die Öffentlichkeit war schon immer, ist und wird auch weiterhin von den »Reichen und Schönen« besessen bleiben.

Über die Ursachen von Zwangsneurosen ist wenig bekannt. Obwohl das Leiden meist in der Adoleszenz beginnt, kann es durchaus auch später auftreten. Dr. Rapoport berichtet z.B. über einen Zweijährigen, der anfing, in Kreisen um Kanaldeckel zu trippeln. Zehn Jahre später konnte er wegen seines bizarren Zwangs, ständig den Buchstaben »O« zu malen, die Schule nicht besuchen. Wie diese komplexen Verhaltensweisen in der Kindheit zustande kommen, ist rätselhaft, aber es lässt doch vermuten, dass bei dieser Krankheit ein angeborenes Verhaltensprogramm verrückt spielt.

Übrigens erkranken gleich viele Männer wie Frauen an Zwangsneurosen, und diese können Monate, Jahre, Jahrzehnte oder ein Leben lang andauern. Die Symptome sind bei Kindern und Erwachsenen ganz ähnlich. Die meisten Zwangsneurotiker haben mehr als ein Symptom und bemühen sich, ihr Problem so lange wie möglich zu verheimlichen. Welches Symptom im Vordergrund steht, kann sich mit der Zeit ändern. Schwere Depression und Drogenmissbrauch können eine Zwangsneurose komplizieren.

Derzeit werden die Physiologie und die Hirnfunktionen von Zwangsneurotikern erforscht. Beispielsweise wurde bereits entdeckt, dass die Stoffwechselprozesse in bestimmten Gehirnstrukturen von Zwangsneurotikern abnorm schnell ablaufen. Spezifische kleine Hirnareale verbrennen beschleunigt Energie. Diese Areale wurden inzwischen lokalisiert: Es sind die Basalganglien und die Schweifkerne unterhalb der beiden Hemisphären und am verlängerten Rückenmark.

Anhand von Magnetresonanztomographien (MRT) wurde nachgewiesen, dass auch andere Gehirnteile beteiligt sein könnten. Es soll außerdem Zwangsneurotiker geben, deren Gehirn vergleichsweise kleiner ist als das Gehirn gesunder Personen.

Und nun die gute Nachricht: Zwangsneurosen können erfolgreich behandelt werden. Die Therapiemöglichkeiten werden sogar mit jedem Jahr besser. Unter Behandlung hat fast jeder Patient eine günstige Prognose.

Im Extremfall wurden Patienten früher neurochirurgisch behandelt, was, wie wir inzwischen wissen, katastrophale Folgen hat. Der erste zwangsneurotische Patient von Dr. Rapoport wurde schließlich leukotomiert, d.h., ein heute nicht mehr gängiger Eingriff in die »weiße« Gehirnmasse wurde vorgenommen. Seine Neurose verschwand um den Preis einer massiven Persönlichkeitsveränderung.

Die modernen Behandlungsverfahren setzen auf Verhaltensmodifikation oder Arzneimitteltherapie. Verhaltensmodifikation kann durch Desensibilisierung erreicht werden, indem man den Patienten planmäßig mit den Zwangsvorstellungen konfrontiert, die seine Zwangshandlungen auslösen. Zum Beispiel übt der Therapeut mit dem Bazillenneurotiker, wie er sich entspannen kann, schüttelt ihm mehrmals die unbehandschuhte Hand und hindert ihn dann, sich die Hände zu waschen.

Die medikamentöse Behandlung wird oft mit Antidepressiva wie Fluvoxamin, Fluoxetin und vor allem mit Clomipramin durchgeführt. Die amerikanische Arzneimittelbehörde FDA hat Clomipramin im Januar 1990 für die Behandlung von Zwangsneurosen zugelassen. 1993 wurde die Substanz in Australien für die gleiche Indikation genehmigt. Clomipramin greift in den Serotoninstoffwechsel des Gehirns ein. Serotonin ist ein Neurotransmitter, ein chemischer Bote, der an der lebenswichtigen Kommunikation zwischen den Nervenzellen mitwirkt.

Der Psychiater Dr. Alan Ringold von der Stanford-Universität hat sich auf die Behandlung von Zwangsneurosen spezialisiert. Seine Forschungsarbeit hat nicht wenig zur Zulassung von Clomipramin für diese Indikation beigetragen. Er ist überzeugt, dass diese Behandlung in absehbarer Zeit durch eine noch viel bessere Medikation abgelöst werden wird.

Leider müssen Patienten mit schweren Zwangsstörungen damit rechnen, dass sie sehr lange, vielleicht sogar bis an ihr Lebensende, behandlungsbedürftig sein werden. Bis es bessere Therapien gibt, werden die Ideen der vielleicht in jeder anderen Beziehung völlig normalen Zwangsneurotiker deswegen noch immer dazu führen können, dass die Patienten sich »verrückt«, »psychotisch« vorkommen oder unter Kontrollverlust leiden. Solche Macht hat die Zwangsneurose!

Traurig und äußerst entmutigend ist diese Störung vor allem für den Patienten. Die Frustration ist groß, denn die Zwangsneurose macht den Patienten unfähig, die Dinge zu leisten, die andere mühelos erledigen. Besonders demoralisierend ist es, wenn eine peinliche Zwangsneurose öffentlich bekannt wird. Die Betroffenen verzweifeln, wenn sie daraufhin gesellschaftlich geächtet, lächerlich gemacht oder diskriminiert werden.

Unsere oft grausame und erbarmungslose Gesellschaft wäre gut beraten, wenn sie sich gegenüber Zwangsneurotikern in Verständnis, Toleranz, Mitgefühl und Nachsicht üben würde. Und zwar unverzüglich und entschlossen!

Zwangsneurose – wenn die Hirnrinde überm Auge hyperaktiv ist

Bei Zwangsneurosen ist der Hirnrindenanteil, der über der Orbita liegt, hyperaktiv. Forscher stellten die Hypothese auf, dass dieses orbitale Rindenfeld das Gehirn vor einem Problem warnt und im Fall einer Zwangsneurose ständig falschen Alarm meldet. Mithilfe des Thalamus, jenem Teil des Gehirns, der Signale zwischen der Hirnrinde und anderen Teilen des Gehirns verarbeitet, werden diese Signale an den tief im Gehirn liegenden Schweifkern übermittelt. Dieser spielt eine wesentliche Rolle bei der Steuerung der Arm- und Beinbewegungen. Gleichzeitig wandert das Alarmsignal vom Schweifkern zum Gyrus cinguli, einer parallel zum Balken verlaufenden Hirnwindung, von der aus der Befehl erteilt wird, dass das Herz bis zum Hals schlägt und sich einem der Magen umdreht.

Gluckgluckgluck …

Eine seltene, wenn auch nicht unbekannte Zwangshandlung ist zwanghaftes Trinken von Wasser. Die Medien stürzten sich auf den Fall von Donna Cassaria. Die 19-Jährige aus Detroit trank täglich 27 Liter Wasser. Dies verursachte bei ihr Erbrechen, belastete Nieren und Herz und zwang sie, sich immer in der Nähe einer Toilette aufzuhalten.

Zwanghaftes Wassertrinken kommt nicht selten bei psychiatrischen Patienten vor, die mitunter so viel Wasser trinken, dass ihr Gehirn anschwellen kann. Man spricht dann von einem Hirnödem. Es sind Fälle von Patienten bekannt, die dadurch einen bleibenden Hirnschaden erlitten und sogar starben.

Donna Cassaria litt jahrelang an ihrer Sucht nach Wasser. Als Kind meldete sie sich vom Unterricht ab, um Wasser zu trinken. Wenn ihre Eltern die Küche oder das Bad abschlossen, schmuggelte sie Wasser in ihr Zimmer. Wenn die Eltern dies unterbanden, trank sie das Wasser aus Blumenvasen oder aus der Wasserleitung. Schließlich meldete sie sich in einem Reha-Zentrum zur Therapie an. Nach einem Monat dort trank sie wesentlich weniger. Sie meinte: »Heute habe ich ein echtes Bedürfnis Wasser zu trinken nur, wenn ich mich elend fühle oder unter Stress stehe. Und die Ärzte bringen mir bei, wie ich mit meinen Gefühlen umgehen muss, ohne Wasser als Krücke benutzen zu müssen.«

Hier wäre noch anzumerken, dass der unbezwingliche Drang, derart extreme Wassermengen zu trinken, auch auf eine Form von Zuckerkrankheit, den so genannten Diabetes insipidus, *hinweisen kann.*

XXIII

DAS GEHIRN IN ABWEHR

Seit die Angst vor Aids umgeht, berichten Ärzte zunehmend über Ängste, die mit dieser Seuche zusammenhängen: Phobien vor Blut und Blutprodukten, Nadeln und Injektionen. Angst vor dem Zahnarzt wird kaum besänftigt, wenn ein Patient seinen Zahnarzt in Aids-Schutzkleidung erblickt, die eher an einen Astronauten als an einen Mitstreiter des Gesundheitswesens erinnert.

Dr. William Sherwood vom Amerikanischen Roten Kreuz behauptet, die Zunahme der Phobien in Zusammenhang mit Aids könnte die Bereitschaft der Bevölkerung mindern, Blut zu spenden, aber auch, sich im medizinischen Notfall Blut übertragen zu lassen.

Die Angst vor Blut kann so groß sein, dass die Betroffenen Blut und jede Situation vermeiden, in der sie direkt oder indirekt mit Blut in Berührung kommen könnten – sei es eigenes oder fremdes Blut. Wer an einer Phobie gegen Blut leidet, wird oft vor nichts zurückschrecken, um bloß nicht zu riskieren, sich zu verletzen. Er wird beispielsweise keine Messer benutzen, sich selten rasieren und Arbeiten im Haushalt wie Kochen, Nähen, Gärtnern oder Tischlern vermeiden. Ein Psychiatriepatient war außerstande, die Nadeln aus einem neuen Hemd zu entfernen. Eine Patientin vermied es, Papier anzufassen, weil sie Angst hatte, sich an den messerscharfen Rändern zu schneiden. Manche Phobiker trauen sich nicht Auto zu fahren: Sie könnten ja in einen Unfall verwickelt werden, bei dem sie oder andere verletzt würden und Blut fließt.

Wer sich vor Injektionen fürchtet, verweigert womöglich lebensrettende ärztliche Maßnahmen. Eine routinemäßige Blutentnahme kann ein so heftiges psychisches Trauma auslösen, dass manche Spritzenphobiker danach eine Behandlung, auch wenn sie ihr Leben retten würde, ablehnen, künftig ärztliche Untersuchungen meiden, nicht mehr zum Zahnarzt gehen, auf Jobangebote verzichten (weil dann eine körperliche Untersuchung fällig wäre) und, wenn sie bei Verkehrskontrollen »in die

Tüte blasen« sollen, die Flucht ergreifen – was die Sache letztlich noch schlimmer macht. Aber diese Menschen können nicht einmal ertragen, dass man sie in einen Finger sticht.

Phobie vor Nadeln äußert sich als Angst vor langen Gegenständen mit scharfen Spitzen.

Nach früheren Schätzungen leidet einer von 25 Erwachsenen an einer Phobie gegen Blut, einer von zehn an Spritzenangst, und einer von 100 hat eine Phobie gegen Nadeln. Anscheinend haben die meisten Betroffenen ihre Phobie irgendwann im Laufe der Kindheit oder Adoleszenz erworben, gewöhnlich vor dem zehnten Lebensjahr.

Offensichtlich stehen Menschen mit diesen Phobien unter starkem Leidensdruck, denn die Ängste können genauso hemmend und lähmend wirken wie viele körperliche Erkrankungen.

Einige wenige Blutphobiker mussten wegen ihres Problems auf eine Karriere in ihrem Beruf verzichten oder sich umschulen lassen. Tätigkeiten im medizinischen Bereich, auf dem Bau oder in der Landwirtschaft werden unmöglich. Alle Mannschaftssportarten und viele Freizeitaktivitäten sind für diesen Personenkreis tabu.

Manche Phobiker sind bei der Arbeit ständig besorgt, dass eine Situation eintreten könnte, in der es zu Verletzungen kommt oder Blut fließt und sie entsprechende Maßnahmen ergreifen müssten (z.B. als Kindergärtnerin oder als Vater oder Mutter von Kleinkindern, die einen Unfall erleiden könnten).

Manche Phobikerinnen bleiben kinderlos – weil sie die Entbindung fürchten, bei der es blutig zugehen kann und spitze Instrumente oder Injektionen zum Einsatz kommen. Das Leben von Menschen mit einer Phobie gegen Nadeln oder Injektionen kann auch schmerzhaft sein. Manche nehmen eher heftige Schmerzen in Kauf, als sich eine Spritze geben zu lassen. Andere lassen sich nicht impfen und sind daher anfällig für Infektionskrankheiten und dürfen nicht in Länder reisen, für die eine Schutzimpfung vorgeschrieben ist. Insulinpflichtige Diabetiker, die Angst vor Spritzen haben, verzichten womöglich auf die lebensrettenden Insulinspritzen und Nierenkranke auf die dringend benötigte Dialyse.

Wenn der Phobiker einer Auslösesituation nicht entrinnen kann, ist die Wahrscheinlichkeit groß, dass er ohnmächtig wird. Tatsächlich finden sich in der Krankengeschichte von Phobikern Ohnmachten (Synkopen) auffallend häufig. Eine Studie an 140 Phobikern ergab, dass 70 Prozent der Patienten, die sich vor Blut ängstigten, und 56 Prozent der Spritzenphobiker in der Vergangenheit mindestens einmal in Ohnmacht gefallen waren. Verglichen mit Patienten, die unter anderen Phobien oder unter Angststörungen leiden, ist der Anteil außerordentlich hoch.

Die Möglichkeit einer unkontrollierten Ohnmacht ist mit dem zusätzlichen Risiko verbunden, sich beim Hinfallen eine Verletzung zuzuziehen. Und die Angst, während einer unausweichlichen, Phobie auslösenden Situation ohnmächtig zu werden, wird zu einer weiteren Quelle seelischer Qualen.

Während einer solchen unausweichlichen Situation sinkt mitunter die Herzfrequenz auf gefährlich niedrige Werte, desgleichen Puls- und Atemfrequenz und vor allem der Blutdruck.

Wiederum ist aber hervorzuheben, dass jede Phobie behandelt werden kann – oft sehr erfolgreich. Nehmen wir als Beispiel die Spinnenphobie, die sehr verbreitete extreme Angst vor Spinnen. Der wahnsinnig erfolgreiche Film *Arachnophobia* (1990) spielte mit den zwiespältigen Gefühlen von Schrecken und Faszination des Publikums angesichts dieser achtbeinigen Krabbeltiere. Ein Kritiker befand, dieser Film sei nichts für zart besaitete Seelen, die sich auch sonst im Kino schon mal die Augen zuhalten. Interessanterweise ist aber eine Spinnenphobie mit am leichtesten zu behandeln. Die meisten Patienten sprechen gut auf eine Desensibilisierung an, bei der ihnen systematisch zunehmend mehr Furcht einflößende Bilder von Spinnen präsentiert werden. Übrigens kann jemand wahnsinnige Angst vor Spinnen haben, ohne jemals einer quicklebendigen Spinne wirklich begegnet zu sein.

Die irrationale Angst vor dem Zahnarzt hat gewöhnlich zur Folge, dass Behandlungstermine nicht eingehalten werden oder das bedauernswerte Opfer mit schweißnassen Händen im Wartezimmer sitzt. Andere haben so fürchterliche Angst, dass sie gar nicht zum Zahnarzt gehen und damit ihre Zahngesundheit aufs Spiel setzen.

Die moderne Zahnheilkunde ist so hoch entwickelt, dass Zahnbehandlungen heute praktisch schmerzfrei ausgeführt werden können. Das hat freilich nicht verhindert, dass Millionen Menschen weltweit Angst vor dem Zahnarzt haben.

Diese Phobie kann sich jederzeit und aus vielen Gründen entwickeln. Die meisten Zahnarztphobien dürften auf schlechte Erfahrungen mit dem Berufsstand in der Kindheit zurückgehen. Doch dürfte dies nicht die einzige Ursache sein. Auch bei Erwachsenen mag eine unangenehme Erfahrung auf dem Behandlungsstuhl oder die anschauliche Erzählung entsprechender Erlebnisse anderer mit zu einer Phobie beitragen.

Viele haben diese schlechten Erfahrungen als Jugendliche vor zwanzig oder dreißig Jahren gemacht, als die Zahnmedizin weniger raffiniert war, und diese Erinnerungen nähren heute noch die Phobie. Natürlich zahlen die Betroffenen dafür mitunter einen hohen Preis, nämlich das Gefühl der Demütigung, Schmerzen, gefährliche Infektionen, Eheprobleme und sogar Karrierebrüche. Angst ist das allergrößte Problem der Patienten.

Interessanterweise hat sich herausgestellt, dass bei Personen, in deren Lebensgeschichte ein Trauma vorkommt, das Risiko einer späteren Zahnarztphobie besonders groß ist. Dies zeigt auch der statistische Vergleich zwischen Frauen ohne und Frauen mit Zahnarztphobie: Die Frauen, die keine Angst vor dem

Zahnarzt hatten, gaben in der Regel kein traumatisches Erlebnis in der Kindheit oder als Erwachsene an. Einleuchtend erscheint immerhin der Befund, dass Menschen, die Angst vor dem Zahnarzt und vor Zahnbehandlungen haben, deutlich schmerzempfindlicher sind.

In verschiedenen Ländern, z.B. den USA und Australien, haben sich Zahnärzte auf die Behandlung dieser ängstlichen Patienten spezialisiert. Eines der ältesten Therapieprogramme für Zahnarztphobien wird in einer Spezialabteilung des Royal Dental Hospital, einer Zahnklinik in Melbourne, durchgeführt, wo die Zahnarztphobie seit zwanzig Jahren im Ausbildungskatalog der Studenten aufgeführt ist.

Dem Leiter der australischen Fachklinik, Jack Gerschman, ist aufgefallen, dass in den 1970er-Jahren fünf oder sechs Prozent der Bevölkerung eine Zahnarztphobie zugaben, zwanzig Jahre später aber waren es 16 Prozent. Nach Gerschman gibt es dafür zwei Erklärungen. Erstens, die Leute sind heute aufrichtiger und eine Zahnarztphobie ist weniger ehrenrührig als früher. Zweitens, ganz allgemein sind heute Ängste stärker verbreitet – und die Angst vor dem Zahnarzt bildet da keine Ausnahme.

Die Behandlung einer Zahnarztphobie geschieht zweigleisig. Unter Umständen müssen sich der Patient *und* der Zahnarzt ändern. Die Behandlung des Patienten besteht meist in einer Verhaltensänderung und funktioniert ähnlich wie bei der Angst vorm Fliegen. Gelegentlich werden dem Patienten auch kurzfristig Medikamente verabreicht. Der Patient lernt, lockerer zu werden, sich zu entspannen und zunehmend länger auf einem zahnärztlichen Behandlungsstuhl auszuharren. Er übt Visualisierungstechniken ein, ähnlich wie die werdenden Mütter in den Geburtsvorbereitungskursen. Die Verfahren zur Angstminderung werden so lange geübt, bis der Patient sie automatisch beherrscht. Im Laufe dieser so genannten Desensibilisierung wird die Zuversicht der Patienten allmählich so aufgebaut, dass sie mit den Objekten ihrer Phobie, wie Bohrer, Nadel usw., konfrontiert werden können. Krönender Abschluss der Therapie ist, dass sich der Patient erwartungsvoll und angstfrei auf den Behandlungsstuhl setzt.

Manchmal wirkt bereits eine einzige Desensibilisierungssitzung Wunder. In den Niederlanden wurde bei 52 Patienten die Zahnarztphobie durch eine einmalige Gesprächstherapie-Sitzung (kognitive Restrukturierung) gebessert.

Der Zahnarzt muss vielleicht sein Vorgehen ändern, um mit einem ängstlichen Patienten klarzukommen. Dazu gehört etwa die Übereinkunft, auf ein Handzeichen des Patienten, das Schmerz signalisiert, sofort die Arbeit zu unterbrechen und häufigere Pausen einzuschalten.

Die Angst vor dem Zahnarzt drückt sich in einer Reihe spezieller Ängste aus, unter anderem in der Angst vor dem Schmerz. Nachstehend sind die zehn häufigsten Ängste in der Reihenfolge ihrer Heftigkeit aufgelistet:

1. Bohrer,
2. Injektionskanüle,
3. Zahnziehen,
4. Ersticken oder Mundsperre,
5. Kontrollverlust,
6. Gewebeschwellung nach der Behandlung,
7. Zahnsteinentfernung,
8. Zahnarzt ignoriert Wünsche des Patienten,
9. Zahnarzt kritisiert Mundhygiene des Patienten oder kränkt ihn,
10. Termin beim Zahnarzt vereinbaren.

Es gibt keinen vernünftigen Grund für eine Zahnarztphobie, aber dies gilt ja für alle Phobien – außer für die eigene.

Zahnarztphobien können durch die Vorstellung besänftigt werden, dass vielleicht auch der Zahnarzt unter einer Phobie leidet.

Womöglich hat er selbst, während er seinem Patienten im Mund herumhantiert, eine Klaustrophobie, Angst vor Bakterien, Blut, Nadeln oder vor der Brücke, die er Ihnen gerade einsetzt.

Wie erkennt man eine Phobie?

Die folgenden Symptome können auf eine Phobie – auch auf eine Zahnarztphobie – hinweisen:

1. Das Opfer empfindet plötzlich eine unbeherrschbare und irrationale Panik, Furcht, Schrecken oder Entsetzen angesichts einer Situation, die harmlos ist.
2. Die betroffene Person weiß, dass die Angst über das normale Maß und die tatsächlich drohende Gefahr hinausgeht.
3. Die phobische Reaktion ist automatisch, unkontrollierbar und umfassend und beeinträchtigt das rationale Denken der Person durch imaginäre Bedrohung und Gefahr.
4. Die Person leidet unter sämtlichen körperlichen Reaktionen, die extreme Angst verursacht (Herzrasen, Atemnot, Zittern und das überwältigende Bedürfnis, der Situation zu entkommen).
5. Die Person flieht das Objekt oder die Situation, die sie fürchtet, und tut alles Mögliche, sie zu meiden.

Auch Freud litt unter Phobien

Sigmund Freud, der Vater der Psychoanalyse, litt unter einer Agoraphobie: Er hatte Angst vor großen Plätzen. Allerdings war das nicht sein einziges Problem. Nach eigenem Bekunden war er neurotisch mit einer Neigung zu Ohnmachten, nikotinsüchtig (er hörte nicht einmal auf zu rauchen, nachdem er bereits 30 Mal wegen eines Karzinoms am Kiefer operiert worden war), nahm lange Zeit

Kokain und hatte Angst vor seiner Telefonnummer. Mit 43 Jahren erhielt Freud die Telefonnummer 12362 zugeteilt. Er glaubte, diese Zahl bedeute für ihn, dass er mit 62 Jahren sterben werde. Die Angst vor seiner »prophetischen« Telefonnummer quälte Freud viele Jahre. Er starb aber erst 1939 im hohen Alter von 83 Jahren.

Gummihandschuhe im Mund

Ein Patient der Universitäts-Zahnklinik in London war so entsetzt beim Gedanken an Gummihandschuhe in seinem Mund, dass sein Schluckreflex aussetzte und er zu würgen begann. Nach zwei Therapiesitzungen, in denen er lernte, sich besser zu entspannen, kehrte der Reflex wieder, das Würgen hörte auf und die Angst vor dem Zahnarzt verschwand.

Der Schalter für logische Verknüpfungen im Gehirn

Hirnforscher haben ein Protein nachgewiesen, das als eine Art Logikschalter funktioniert, welcher der Nervenzelle signalisiert, ob eine Erinnerung im Kurzzeit- oder im Langzeitgedächtnis gespeichert werden soll. Dieses Protein heißt CREB (Abkürzung für **C**amp **R**esponse **E**lement **B**inding). Mit einem so genannten Transkriptionsfaktor stimuliert es die Transkription und Genexpression. Die Folge dieses komplizierten Vorgangs ist das An- und Abschalten der Gedächtnisfunktion. Fruchtfliegen, die mit einer Extradosis CREB traktiert wurden, lernten bestimmte Gerüche schneller zu unterscheiden.

Wenn das Gedächtnis Urlaub macht

Fast 50 Jahre ist es her, da kreierten die beiden Bostoner Neurologen C. Miller Fisher und Raymond Adams den Begriff »transitorische globale Amnesie«, mit dem sie Episoden bezeichneten, bei denen Gedächtnisstörungen im Vordergrund stehen. Das Gedächtnis macht also Urlaub.

Am ehesten treten derartige Episoden im fortgeschrittenen Alter auf, oft nach seelischer oder körperlicher Belastung. Ein merkwürdiges Symptom ist, dass der Patient hartnäckig dieselbe Frage stellt, beispielsweise: »Was für ein Tag ist heute?« Sie sagen: »Mittwoch.« Darauf er: »Heute muss ich den Rasen mähen.« – »Das hast du doch gestern schon getan«, klären Sie ihn auf. Darauf fragt er wieder: »Was für ein Tag ist heute?« Abgesehen von der Gedächtnislücke ist der Patient normal. Sein Gedächtnis kann spontan wiederkehren – und das genauso rätselhaft, wie es verschwand. Als Ursache dieses Phänomens kommen Hirndurchblutungsstörungen infrage.

Am Ende der Weisheit

Die Fähigkeit des menschlichen Gehirns, Informationen zu verarbeiten, hat fast ihre Obergrenze erreicht. Sollten wir derzeit noch nicht an unsere intellektuelle Grenze gestoßen sein, so meinen Hirnforscher, sind wir allenfalls noch 20 Prozent davon entfernt. Sie behaupten außerdem, jede radikale Verbesserung der Fähigkeit zur Informationsverarbeitung sei unmöglich, weil sonst das ausgeglichene Verhältnis zwischen Größe des Gehirns und dem Netzwerk der Blutgefäße, die seiner Ernährung dienen, massiv gestört würde.

Wenn wir die jetzige Bauweise und Funktion unseres Körpers und unseres Gehirns betrachten: Schlauer als derzeit können wir kaum werden.

Der Fluch der Einbalsamierer

1988 gelang es Ärzten am Massachusetts General Hospital, die Ursache eines bis dahin rätselhaften Symptomkomplexes zu klären, der ausschließlich bei Mitarbeitern von Bestattungsunternehmen vorkam, die Leichen einbalsamierten. Die Betroffenen, stets waren es Männer, klagten über Kopfschmerzen, Stimmungsschwankungen, Depressionen, Libidoverlust, Impotenz und manchmal auch über körperliche Symptome wie Haarausfall, Größerwerden der Brüste und Schrumpfen der Hoden. Wie sich herausstellte, war die Symptomatik dadurch verursacht, dass das Gehirn von einer Überproduktion des weiblichen Hormons Östrogen überflutet wurde. Und dies widerfuhr den männlichen Einbalsamierungskünstlern, weil sie über die Einbalsamierungscremes mit Substanzen in Berührung kamen, die eine Östrogensynthese auslösen. Der Fluch der Einbalsamierer ließ sich nun so einfach wie wirkungsvoll verhindern: Die Männer müssen bei ihrer Arbeit Gummihandschuhe tragen.

XXIV

PROSOPAGNOSIE: WENN SIE IHR SPIEGELBILD NICHT ERKENNEN

Wenn Sie glauben, ein schlechtes Personengedächtnis zu haben, dann denken Sie mal über die Menschen nach, die an einer Prosopagnosie leiden.

Prosopagnosie ist eine Form der so genannten Seelenblindheit, einer Störung des Erkennens: Der Patient sieht das Gesicht eines Menschen, den er »kennt« – seine Sehleistung ist nämlich normal –, aber er erkennt nicht, wer es ist.

In anderen Bereichen mag das Gedächtnis eines Menschen mit Prosopagnosie völlig normal sein, doch bei Gesichtern setzt es aus – nur bei Gesichtern. Unter Umständen können Seelenblinde noch unterscheiden, ob eine Person ihnen vertraut ist oder nicht, allerdings nicht, wenn sie bloß das Gesicht dieser Person wahrnehmen. Sie brauchen andere sensorische Schlüssel. Beispielsweise könnten sie jemanden am Klang seiner Stimme oder auch an seinem Geruch erkennen. Darüber hinaus können sie die andere Person anhand eines Körperteils, freilich mit Ausnahme des Gesichts, erkennen. Sogar der Gang eines Menschen kann in manchen Fällen die Reaktion »kenn ich« auslösen.

Wie bereits erwähnt, ist Prosopagnosie eine Form der Agnosie, des gestörten Erkennens. Man spricht manchmal auch von Verarbeitungsstörungen oder Benennungsstörungen. Bei Agnosien hat das Gehirn immer die Fähigkeit eingebüßt, die Bedeutung eines Bereichs der sensorischen Erregung zu erkennen. So gibt es Hörstummheit und ein Unvermögen, Hautreize am eigenen Körper richtig zu lokalisieren, dazu die Sonderform der Fingeragnosie und noch viele andere Agnosien. Die Form der Agnosie lässt Rückschlüsse zu, an welcher Stelle im Gehirn eine Schädigung eingetreten ist.

Um bei der Prosopagnosie zu bleiben: Sie ist niemals angeboren, sondern wird durch eine Nervenzellschädigung der Hirnrinde im unteren Schläfen- und Hinterhauptslappen verursacht mit der Folge, dass komplexe Formen und Strukturen nicht erkannt werden. Zur Schädigung kommt es beispielsweise durch Kopfverletzungen bei einem Autounfall oder durch eine Schussverletzung. Experten behaupten, die Seelenblindheit sei irreversibel.

So ungewöhnlich und faszinierend die Seelenblindheit ist, wir wissen längst nicht alles über dieses Phänomen, und vieles bleibt umstritten. Sogar über die Diagnostik streiten die Fachärzte. In erster Linie hängt sie davon ab, wie der Kranke über sich Auskunft gibt. Der Patient äußert z.B., dass er ein Gesicht einfach nicht als vertraut erkennt, der Arzt notiert es im Krankenblatt. Andere Mediziner geißeln jede Diagnose aufgrund von Selbstauskünften des Patienten als unwissenschaftlich, unzuverlässig, subjektiv, nicht verifizierbar; dieser Form der Diagnostik entgingen die wahren Dimensionen einer Störung oder sie könne eine andere Pathologie verschleiern.

Andere Fachärzte haben beobachtet, dass ein Patient, der ein Gesicht zwar wahrnimmt, aber nicht erkennt, dennoch Anzeichen zeigen kann, dass er ein Gesicht auf einer tieferen, unbewussten Wahrnehmungsebene identifiziert. Vielleicht ist die Wissenschaft erst auf dem Weg, diese Ebene irgendwann zu entdecken, anzuerkennen und wirklich zu verstehen.

Was bewirkt eigentlich im Gehirn, dass das optische Erkennen aussetzt – und zwar nur bei Gesichtern?

In den vergangenen zehn Jahren hatten ein paar Experten die Theorie entwickelt, Patienten mit Seelenblindheit könnten über ungewöhnliche Mittel der Erkenntnis verfügen. Eine andere Möglichkeit wäre, dass jeder Mensch diese Mittel besitzt, aber nur wenige – wegen eines Gehirnschadens – auf sie zurückgreifen müssen.

Eine Theorie besagt, dass es im Gehirn von Seelenblinden Reserven der Erkenntnisfähigkeit geben könnte. Dafür spreche, dass der elektrische Hautwiderstand sich messbar verändert, sobald diese Patienten ein vertrautes Gesicht sehen, das sie freilich nicht erkennen.

Im Übrigen konnten die Rindenfelder, die bei Seelenblindheit beschädigt sind, mittels Computertomographie identifiziert werden.

Einer anderen Theorie zufolge treten bei seelenblinden Patienten ereignisbezogene ungewöhnliche Gehirnpotenziale auf. Diese Patienten haben verborgene Fähigkeiten der Signalverarbeitung, die länger als normal wirksam sind.

Auf jeden Fall haben wir noch viel über diese Störung zu lernen. Erst wenn wir begreifen, so der Hirnforscher Antonio Damasio, welche Strategien das Gehirn benutzt, um bestimmte Kategorien zu verarbeiten, werden wir verbesserte Rehabilitationsmaßnahmen für Hirnverletzte entwickeln können. Derartige Verfahren müssten die bei der ursprünglichen Verletzung unbeschädigt gebliebenen sensorischen oder kognitiven Nervenbahnen nutzen … fast alles, was auf die eine Art funktioniert, kann auch auf eine andere Art bewerkstelligt werden.

Was an der Seelenblindheit besonders fasziniert, sind die vielen verschiedenen Formen, in denen sie sich bei den Patienten äußert.

In einem Fall, der bereits 1956 beschrieben wurde, handelte es sich um einen 32-Jährigen, der nach einem schweren Autounfall drei Wochen lang bewusstlos war. Danach klagte er nur, dass er keine Gesichter erkennen könne, nicht einmal die seiner Frau und seiner Kinder. Drei Gesichter jedoch konnte er erkennen, nämlich die von drei Arbeitskollegen – der eine hatte einen Tick und zuckte mit einem Auge, der andere hatte ein großflächiges Pigmentmal auf der Wange und der dritte hatte ein auffallend langes Gesicht. Jeden seiner Kumpel erkannte er nur anhand des erwähnten hervorstechenden Merkmals. Alle anderen Personen, auch seine Angehörigen, erkannte der Patient nur an ihren Stimmen.

Ein anderer Fall wurde 1993 beschrieben. W.J. litt nach einem Schlaganfall unter ausgeprägter Seelenblindheit. Er wurde Bauer und kaufte eine Schafherde. Nach einer gewissen Zeit konnte er viele seiner Schafe erkennen und beim Namen nennen. Seine Leistung bei Gedächtnistests und beim seriellen Lernen war hinsichtlich der Schafe deutlich besser als bei vergleichbaren Tests mit menschlichen Gesichtern. Dies lässt darauf schließen, dass Seelenblindheit in manchen Fällen eine gesichtsspezifische Störung sein kann.

Aus dem Jahr 1995 ist der Fall einer 68-jährigen Patientin dokumentiert, die vertraute Personen nicht an ihren Gesichtern, sondern anhand ihrer Namen erkannte.

Seelenblindheit zwingt uns, unsere grundlegenden Begriffe von »vertraut«, »erkennen«, »wahrnehmen« und »wissen« neu zu überprüfen – und uns zu fragen, was diese Vorstellungen wirklich im menschlichen Gehirn bedeuten.

Fallbericht: Der Mann, der seine Frau mit einem Hut verwechselte

Der vielleicht berühmteste Fall einer Seelenblindheit ist der des hirnverletzten Musikers Dr. P., dem der Neurologe Oliver Sacks in seinem Buch Der Mann, der seine Frau mit einem Hut verwechselte *ein literarisches Denkmal gesetzt hat. Sacks schreibt: »Für uns bedeutet ein Gesicht die ganze Person – wir sehen sozusagen die Person durch ihre persona, durch ihr Gesicht. Doch für Dr. P. gab es keine persona in diesem Sinn – keine äußere persona und keine innere Person.«*

Das Gehirn sieht uns anders

Das Gehirn weist jenen Teilen des Körpers den umfassendsten Raum zu, die am meisten der Koordination bedürfen.

Was die Raumverteilung im Gehirn angeht, nimmt das menschliche Gehirn den Körper in der Tat anders wahr, als wir uns sehen. So ist die räumliche Repräsentation der Hände (besonders der Daumen), der Schultern, der Lippen, der Zunge und der Füße im Gehirn riesig, während die übrigen Körperteile verhältnismäßig winzig abgebildet sind. Wäre der menschliche Körper proportional so gestaltet, wie es der Homunculus der Hirnrinde vorgibt, dann würden wir wie Missgeburten oder wie ein Frösche aussehen.

Der Junge mit den zwei Gehirnen

Wie die Xinhua-Nachrichtenagentur meldet, wurde in China ein Kind geboren, das kaum schläft, weil sein Gehirn wie in Schichtarbeit funktioniert. Der Junge, der im Juli 1995 in der Stadt Chaoyang in der nordöstlichen Provinz Liaoning zur Welt kam, entwickelt sich normal und muss nach Aussage seiner Ärzte auch nicht operiert werden. Allerdings schläft das Kind nachts nur eine Stunde, manchmal sogar bloß 20 Minuten, und tagsüber praktisch nie. Des Rätsels Lösung: Die Ärzte haben festgestellt, dass der Junge zwei Gehirne hat, die umschichtig arbeiten, sodass er kaum Schlaf braucht.

XXV

DAS GEHIRN MERKT SICH VIELES: DÉJÀ-VU-ERLEBNISSE ODER: SIND WIR UNS NICHT SCHON MAL BEGEGNET?

Was ist Gedächtnis? Wie erinnern wir uns? Und wie vergessen wir? Was spielt sich dabei im Gehirn ab?

Ein faszinierendes Buch stellt unsere bisherigen Vermutungen über das menschliche Gedächtnis infrage.

Meist gehen wir davon aus, dass unser Gehirn wie ein riesiger Computer funktioniert, der Daten speichert, und dass unser Gedächtnis der Mechanismus ist, mittels dessen wir die Daten abrufen können. Nun kommt da ein New Yorker Psychiater daher und behauptet, diese Auffassung vom Gedächtnis sei ein Märchen und das Gedächtnis sei eine reine Erfindung.

Dr. Israel Rosenfield behauptet in seinem Buch *The Invention of Memory* (Die Erfindung des Gedächtnisses), dass wir in unserem Gehirn keine dauerhaften Erinnerungen speichern. Stattdessen haben wir »fragmentarische« Erinnerungen, die ständig durch Emotionen reaktiviert werden. Und da die Emotionen Erinnerungen und Wahrnehmungen strukturieren, sollten wir uns Gedächtnisinhalte nie vorstellen, ohne auch zu bedenken, wie wir mit unseren Gefühlen unsere Erinnerungen beeinflussen. Anscheinand hat unser Gehirn, unser so genannter Computer im Kopf, auch ein »Herz«.

Rosenfield zeichnet die Entwicklung dieser kontroversen Theorie nach anhand der veröffentlichten Arbeiten der frühen Psychologen – sogar Freud zitiert er, um seine Auffassung zu untermauern. Er behauptet, dass die Erkenntnisse der Gehirnphysiologie, insbesondere über die Funktion des limbischen Systems, seine Argumentation stützen.

Mag das Gedächtnis eine Erfindung sein, es lässt sich zweifellos verbessern.

Mnemotechnik ist die Kunst, das Gedächtnis oder die Merkfähigkeit zu schulen. Den Schlüssel dazu bilden vier Dinge, die wir lernen müssen: unsere Aufmerksamkeit bündeln, unsere Konzentrationsfähigkeit verbessern, Informationen besser organisieren und verknüpfen und aufgrund starker innerer Bilder, die als solche unvergesslich sind, sinnvolle Vernetzungen aufbauen.

Die meisten Bücher über »Gedächtnisschulung« preisen eine oder mehrere der folgenden Mnemotechniken an:

1. Die »Eselsbrücke« in Form eines Satzes oder Akronyms. Ein Beispiel aus der Medizinerausbildung: »Karl fiel vom Rad und schwur bei Median, die Ulna zu krallen.« Mithilfe dieses Satzes merken sich Studenten die äußeren Zeichen für eine Lähmung dreier wichtiger Armnerven – Fallhand bei Radialislähmung, Schwurhand bei Medianuslähmung und Krallhand bei Ulnarislähmung. Je verrückter die Eselsbrücke, desto leichter kann man sich den Sachverhalt einprägen.
2. Etwas, das man sich merken will, in Reime fassen. Beispiel: »Wurzeln aus Summen ziehen nur die Dummen.« Eventuell eine Melodie dazu finden.
3. Mentale Bilder. Sie sind sehr tauglich, um sich Namen zu merken.
4. Neue Fakten wiederholen oder aufzählen. Beispiel: Sie lernen jemanden kennen und prägen sich seinen Namen ein, indem Sie sich Szenen ausdenken und vorstellen, in denen die betreffende Person vorkommt.
5. Dinge, die man sich merken will, im Geist an bestimmten Stellen platzieren, etwa an einem Schirm aufhängen oder in einem Zimmer verteilen.
6. Aufschreiben. Etwas schriftlich notieren oder eine Liste zu schreiben fixiert und speichert Dinge in Ihrem Gedächtnis. Die Wörter, während Sie sie niederschreiben, zu betrachten ist eine sinnliche Erfahrung, die einen Gedächtnisinhalt verankern kann.
7. Den Alltag ordnen und strukturieren. Sorgen Sie dafür, dass jedes Ding in Ihrer Wohnung seinen festen Platz hat. Das Schlüsselbrett in der Garage mit den Ersatzschlüsseln für Haus oder Wohnung ist ein mnemotechnisches Hilfsmittel. So wissen Sie immer, wo Sie zuerst suchen müssen.

8. Nutzen Sie Gelegenheiten, Ihr Gedächtnis und Ihren Intellekt spielerisch zu schulen, z.B. indem Sie Kreuzworträtsel lösen, Trivial Pursuit und Scrabble spielen. Lernen Sie Spiele wie Schach oder Go und andere Brettspiele. Schreiben Sie sich Listen mit Dingen, die Sie sich merken wollen, und prüfen Sie von Zeit zu Zeit, ob Sie noch alles wissen.
9. Entspannen Sie sich, wenn Sie sich zu erinnern versuchen. Seien Sie geduldig und beharrlich, aber erwarten Sie keine Wunder der Gedächtnisleistung von sich. Manchmal will einem etwas partout nicht einfallen (»es liegt mir auf der Zunge«), wenn man sich besonders zu konzentrieren versucht, doch wenn man es einfach »links liegen« lässt, taucht es plötzlich unerwartet auf.
10. Schulen Sie Ihren Geist auf unterschiedliche Weise. Lesen, Gesprächskreise, Teilnahme an Kursen und Diskussionsgruppen bringen neue Eindrücke und schärfen den Verstand.

Es gibt noch viele andere Mnemotechniken – aber es ist nicht so leicht, sie alle zu erinnern und aufzuzählen.

Und was ist mit dem Gedächtnis an sich? Was wissen wir wirklich darüber?

Die Hirnforscher meinen, wir wüssten zwar immer noch wenig über den genauen Zusammenhang zwischen Gedächtnis und Gehirn, doch immerhin könnten wir schon etwas darüber sagen, wie sich Gedächtnisinhalte im Gehirn bewegen.

Aus Bildern vom Gehirn lässt sich ableiten, dass eine »Zellinformation« durch ungleiche Teile des Gehirns schießt, um die Erinnerungen an persönlich erlebte Ereignisse zu koordinieren. Hier handelt es sich um so genannte episodische Erinnerungen. Inzwischen haben kanadische Hirnforscher anhand bildgebender Verfahren (Positronenemissionstomographie, PET) die ersten Daten veröffentlicht, die darauf hinweisen, dass diese Datenbahn für die Speicherung von Erinnerungen nach links zum Stirnhirn führt und zum Abrufen von Erinnerungen nach rechts. Wenn neue Informationen im Langzeitgedächtnis für Einzelheiten abgelegt werden, steigt die Durchblutung im präfrontalen Kortex der linken Hirnhälfte (direkt hinter der Stirn) steil an. Außerdem flutet das Blut in der rechten präfrontalen Rinde an, wenn Episoden aus dem Langzeitgedächtnis wieder auftauchen. Dieser Informationsfluss im Gehirn bildet somit eine Art Datenautobahn.

Für die Theorie einer solchen Datenautobahn sprechen auch Forschungsergebnisse aus London. Hier wurde mithilfe von PET-Aufnahmen des Gehirns in der äußeren Rindenschicht und in anderen Bereichen des Gehirns ein »Modul« untereinander verbundener Strukturen nachgewiesen, das »mentale« Ergänzungen vergangener Erlebnisse »orchestriert«. Eine Rindenzone im rechten Schläfenlappen, nahe dem Ohr, stellt offenbar das Zentrum dieses Moduls dar. Die Londoner Arbeitsgruppe bestätigt die Ergebnisse der Kanadier, die nachgewiesen haben, dass ein Teil des rechten frontalen Kortex am Abrufen persönlicher Erinnerungen beteiligt ist.

Und wie ist das faszinierende Déjà-vu-Phänomen zu erklären?

Die meisten Menschen haben mindestens einmal schon ein Déjà-vu-Erlebnis gehabt (»Sind wir uns nicht schon mal begegnet?«), und dennoch gibt dieses merkwürdige Phänomen Medizinern und Verhaltensforschern jede Menge Rätsel auf. Bisher sind sich Forscher und Kliniker keineswegs einig, was ein Déjà-vu ist, wie häufig es auftritt, wodurch es entsteht und was es wirklich bedeutet. Was passiert bei einem Déjà-vu im Gehirn?

Der Begriff Déjà-vu kommt aus dem Französischen und bedeutet »bereits gesehen«. Im Wesentlichen handelt es sich immer dann um ein Déjà-vu-Erlebnis, wenn wir *wissen*, dass uns etwas unbekannt ist, wir es aber irgendwie als vertraut *wahrneh-*

men. So ergeht es uns beispielsweise, wenn wir jemandem zum ersten Mal begegnen, sein Gesicht aber merkwürdig vertraut auf uns wirkt. Oder wir besuchen eine Stadt, in der wir noch nie zuvor waren, und doch kommt es uns vor, als wären wir schon mal dort gewesen. Insofern kann ein Déjà-vu sehr verwirrend oder leicht beunruhigend sein und, wenn wir es uns eingestehen, sogar peinlich.

Déjà-vu-Erlebnisse haben literarisch Karriere gemacht: Sir Walter Scott geht in seinem Tagebuch (1728) darauf ein. Charles Dickens beschreibt Déjà-vu in *David Copperfield* (1849). Leo Tolstoi erwähnt es mehrmals in seiner dreibändigen Autobiografie (1852, 1854, 1856) und in *Krieg und Frieden* (1869). Marcel Proust beschäftigt sich damit in seinem Werk *Auf der Suche nach der verlorenen Zeit* (1919). Alfred Tennyson setzt sich damit in zwei Gedichten auseinander (1832, 1833). Die Lieder von Rogers und Hart (1937) und von David Crosby verklären die romantischen Aspekte des Phänomens. In ihrem 1985 mit Madonna gedrehten Film *Desparately Seeking Susan* zeichnet Susan Seidelman das Porträt einer Frau, die nach einer Kopfverletzung ein amnestisches Déjà-vu-Erlebnis hat. Offensichtlich gehört Déjà-vu zu unserer Kultur.

Das Phänomen kommt auch recht häufig vor. Je nach Statistik haben zwischen 30 und 96 Prozent der Bevölkerung einmal oder häufiger im Laufe ihres Lebens ein Déjà-vu-Erlebnis. Über diese Zahlen gehen die Meinungen auseinander, weil die Wissenschaftler sich noch nicht auf eine Definition des Déjà-vu einigen konnten. Einig sind sie sich allerdings, dass ein Déjà-vu bei Männern und Frauen gleich häufig vorkommt. Gestritten wird aber darüber, ob die Zugehörigkeit zu einer bestimmten Ethnie oder Gesellschaftsschicht oder der Bildungsgrad eine Rolle spielt.

Auf jeden Fall hat das Alter einen Einfluss: Déjà-vu-Erlebnisse treten bei jüngeren Menschen etwas häufiger auf als bei älteren. Warum dies so ist, wissen wir nicht.

Obwohl das Phänomen mitunter bei verschiedenen internistischen und psychiatrischen Erkrankungen beobachtet wird, kommt es auch bei gesunden, völlig normalen Personen vor (wie viele Leserinnen bestätigen werden). Einige Forscher fanden Déjà-vu bei Angstneurosen oder dissoziativen Störungen, bei Verstimmungen und Persönlichkeitsstörungen, bei Schizophrenie und bei organischem Hirnsyndrom. Gelegentlich kann Déjà-vu auch nach psychischem Trauma, emotionaler Erschöpfung oder Einnahme von Drogen auftreten – insbesondere wenn körperliche Erschöpfung, Stress und eine organische Krankheit hinzukommen. Manches weist darauf hin, dass eine Epilepsie mit Déjà-vu-Erlebnissen einhergehen kann. Allerdings besteht kein echter Zusammenhang zwischen Déjà-vu und einer vereinzelten psychiatrischen oder neurologischen Störung.

Manchmal werden Déjà-vu-Phänomene mit Rückblenden, mit aktualisiertem vorherigem Wissen oder mit einer Kryptomnesie (als neu erlebte Erinnerung) verwechselt. Es handelt sich jedoch um ganz verschiedene Phänomene. Bei der Rückblende fühlt sich die betreffende Person zeitlich zurückversetzt und sieht vergangene Ereignisse wie einen Film vor sich ablaufen. Bei der aktualisierten Präkognition hat die Person den Eindruck, dass ihr ihre gegenwärtige Situation vorausgesagt wurde: Sie *weiß*, was geschehen wird, noch bevor es geschieht. Bei der Kryptomnesie hat die Person das Gefühl, als wäre ihr die eigene Vergangenheit, die ihr ja vertraut sein müsste, sonderbar fremd. Somit könnte man sie für das Gegenteil des Déjà-vu halten – und für ebenso schwer deutbar.

Zahlreich waren die Versuche, das Déjà-vu-Phänomen zu erklären. Sigmund Freud nannte es »unheimlich« und »wundersam«. In der *Psychopathologie des Alltagslebens* (1907) deutete er es als Erinnerung an verschüttete Fantasien oder Wünsche. Nach Freud versuchten andere, das Déjà-vu als Form der Amnesie, als Aufmerksamkeitsstörung oder als Problem der Visualisierung und Metaphorik zu erklären. Wieder andere behaupteten, das Phänomen beruhe auf einem Durcheinander von Träumen oder auf einem komplizierten Erinnerungssalat.

Einer Theorie zufolge kann der rechte oder der linke Schläfenlappen an einem Déjà-vu beteiligt sein. Neurologen ist es gelungen, durch elektrische Stimulation der Schläfenlappen Déjà-vu-Erlebnisse hervorzurufen. Die Reizung derselben Stellen mit denselben Elektroden konnte an denselben Patienten aber auch Halluzinationen auslösen.

Ein neuerer Versuch, eine Theorie des Déjà-vu aufzustellen, bediente sich eines holografischen Modells. Ein Hologramm ist ein dreidimensionales Bild, das aus winzigen Informationsquadraten mosaikartig zusammengesetzt wird. Der Theorie zufolge gleichen Wahrnehmungen und Erinnerungen Hologrammen. Ein Déjà-vu entsteht, wenn genügend Teilchen eines Hologramms (gegenwärtige Wahrnehmung) mit genügend Teilchen des anderen Hologramms (zurückliegende Erinnerung) übereinstimmen, sodass sie miteinander verschmelzen.

Diese interessante Theorie ähnelt stark einer zwanzig Jahre zuvor veröffentlichten Erklärung des Déjà-vu. Auf jeden Fall kommt sie einem ziemlich bekannt vor. Vielleicht ist auch das ein Déjà-vu-Phänomen?

Déjà-vu-Ictus

Ictus bedeutet Schlag oder Schlaganfall. Durch einen Schlaganfall (fachsprachlich auch als Apoplex bezeichnet) kann ein so genanntes apoplektisches Déjà-vu ausgelöst werden. Dabei spielt anscheinend auch die Händigkeit eine Rolle. Von der Universität von Arizona wurde gemeldet, dass bei acht Patienten mit apoplektischem Déjà-vu die Läsion bei den rechtshändigen Patienten im rechten, bei den linkshändigen im linken Schläfenlappen nachgewiesen wurde. Bei den Rechtshändern ist die linke Hirnhälfte dominant, bei den Linkshändern die rechte. Daraus zogen die Wissenschaftler den Schluss, dass ein Déjà-vu in der nicht-dominanten Hemisphäre lokalisiert sein müsse.

Was versteht man unter vegetativ?

Der Zustand eines Menschen, der z.B. einen schweren Hirnschaden erlitten hat und dessen Bewusstsein getrübt ist, wird fachsprachlich (und grausam) als »vegetativ« bezeichnet. Bei genauer Überprüfung von »vegetativen« Patienten auf Zeichen von Wachheit und Wahrnehmung hat sich inzwischen herausgestellt, dass diese schreckliche Diagnose etwa in der Hälfte der Fälle falsch ist! Fast die Hälfte der Patienten, denen ein »persistierender vegetativer Zustand« attestiert worden war, war in Wirklichkeit wach, registrierte, was mit ihnen geschah, und konnte sich oft mit einfachen Formen der Kommunikation verständlich machen (z.B. Nicken mit dem Kopf, Bewegungen der Augenlider oder eines Fingers).

Der Leiter dieser Studie resümiert: »Die Vorstellung ist beunruhigend, dass manche Patienten, die wahrnehmungsfähig waren, mehrere Jahre als ›Vegetative‹ behandelt wurden. Es muss äußerst beängstigend sein, alles wahrzunehmen, ohne sich mitteilen zu können.«

Nach Übereinkunft des Amerikanischen Neurologenverbandes befindet sich eine Person dann im vegetativen Zustand, wenn sie zu keiner Wahrnehmung ihrer selbst oder ihrer Umgebung fähig ist, wenn sie außer reflektorisch auf keine Fragen oder physischen Reize reagiert, jedoch die Augen geöffnet hat, und wenn sie Schlaf- und Wachperioden zu haben scheint. Dieser Zustand wird als »persistierend« bezeichnet, wenn er länger als einen Monat dauert.

Kommunikation im Koma

Britische Forscher versuchen herauszufinden, wie Ärzte sich mit Komapatienten verständigen könnten. In London testen sie ein »Haarnetz« aus Elektroden, das an einen Rechner angeschlossen ist und die Gedanken des Komapatienten »lesen« soll. Der Komapatient wird aufgefordert sich vorzustellen, wie er einen Körperteil bewegt. Sollte der Patient hören, dann könnte er auch denken, und der Computer könnte seine Gedanken registrieren und in Ja oder Nein übersetzen. Dies wäre eine einfache Form von Kommunikation. Zwar nicht der große Wurf, aber doch besser als gar nichts.

Der Leiter des Forschungsprojekts, Steve Roberts, nimmt dazu Stellung:

»Es gibt eine Menge Leute, die, nachdem sie schwerste Verletzungen erlitten hatten, aus dem Koma erwachen und den Albtraum schildern, dass sie sich ihrer Umgebung bewusst, aber nicht imstande waren, sich in irgendeiner Form mitzuteilen. Es steht zu hoffen, dass viele von diesen Patienten künftig auf unsere Analyse ansprechen werden und wir sie auf dem Weg aus dem Koma begleiten können. Wir sehen sogar einen Silberstreifen am Horizont, in absehbarer Zeit im Komapatienten die Person wiedererkennen und ihren Zustand erleichtern zu können.«

Eine derartige Kommunikation ist möglich, denn frühere Untersuchungen haben bewiesen, dass das Gehirn Bewegung »einübt« und dieselbe Stelle im Gehirn aktiviert wird, egal ob eine Person sich tatsächlich bewegt oder nur daran denkt, sich zu bewegen.

XXVI

EINSEITIGE BEGABUNG: WENN EIN MENSCH AUF EINEM GEBIET HOCHBEGABT, ABER ANSONSTEN EIN IDIOT IST

Die Natur verteilt unsere Begabungen in der Regel ziemlich gleichmäßig. Die meisten Menschen haben durchschnittliche Talente auf mehreren Gebieten. Doch es gibt Ausnahmen, z.B. einseitig Hochbegabte.

Erinnern Sie sich an den Typ, den Dustin Hoffman 1988 in dem Film *Rain Man* verkörperte? Dieser Typ war ein autistischer »Überflieger«. Obwohl er als geistig zurückgeblieben galt, hatte er ein unwahrscheinlich gutes Gedächtnis, das ihm sehr nützlich war, als er mit seinem Bruder (gespielt von Tom Cruise) in Las Vegas zockte.

Einseitig Hochbegabte sind extreme Spezialisten. Sie beherrschen ein Gebiet unheimlich gut – und versagen bei den meisten anderen Aufgaben. Wir zählen diese Menschen zu den geistig Behinderten oder nennen sie »intellektuell retardiert«. Oft werden sie als lebensuntüchtig eingestuft und in Heimen untergebracht. In Wirklichkeit aber sind diese »Schmalspur-Überflieger« ganz besondere Menschen.

Auch heute noch verblüffen sie die Verhaltensforscher. Sicher ist bisher nur, dass einseitige Begabung ein seltenes und merkwürdiges Phänomen ist, dem wir erst noch auf die Spur kommen müssen.

Von einseitiger Sonderbegabung spricht man, wenn ein geistig mehr oder minder zurückgebliebener Mensch auf einem einzelnen Gebiet außergewöhnliche Fähigkeiten, Wissen, Geschick oder Begabung besitzt.

Schauen wir uns ein paar von diesen ungewöhnlichen Menschen an:

- Da gab es den »geistig Minderbemittelten«, der den gesamten Inhalt der Tageszeitung, die man ihm vorgelesen hatte, wortgetreu wiedergeben konnte. Ein anderer konnte ebenfalls den Inhalt der Zeitung wortwörtlich wiederholen – allerdings rückwärts.

- Ein so genannter »imbeziller« 12-Jähriger, der weder lesen noch schreiben gelernt hatte, konnte beliebige dreistellige Zahlen mit unvorstellbarer Geschwindigkeit korrekt multiplizieren.
- Eine 22-Jährige mit einem Intelligenzalter von fünf Jahren konnte die Daten aller Besuche, die sie je daheim empfangen hatte, und die Namen der Besucher aufzählen.
- Ein geistig Behinderter kannte die Daten aller Beerdigungen, die in einem Zeitraum von mehr als 35 Jahren in seiner heimatlichen Pfarrgemeinde stattgefunden hatten. Dazu wusste er das Alter der Verstorbenen und die Namen der Trauergäste bei jeder Beerdigung.
- Ein einseitig hochbegabter »Idiot« kann beträchtlichen Ruhm erwerben. Das »Genie vom Earlswood Asylum« beispielsweise war ein gehörloser schwachsinniger Patient mit einer bemerkenswerten Begabung zum Zeichnen und großem handwerklichem Geschick. Er war weithin bekannt und angesehen wegen seiner Begabungen.
- Thomas Fuller, ein Sklave, der im 18. Jahrhundert in Virginia lebte, galt allgemein als hoffnungslos schwachsinnig. Aber er konnte wahnsinnig schnell kopfrechnen – so errechnete er im Kopf die genaue Zahl der Sekunden, die in 70 Jahren, 17 Tagen und 12 Stunden vergangen sind, wobei er die zugehörigen 17 Schaltjahre mitberücksichtigte. (Übrigens: Die Antwort lautet 2.210.500.800.)
- Gottfried Mind, der als Kretin etikettiert wurde, hatte eine wunderbare Gabe, Katzen zu zeichnen. Seine Katzen wirkten so lebensecht, dass man ihn in Europa den »Raffael der Katzen« nannte. Eines seiner Katzenbilder nahm der englische König Georg IV. in seine Sammlung auf.
- Der »blinde Tom« Bethune war ein bekannter Autist mit sehr niedrigem Intelligenzquotient, der mit vier Jahren Mozart und jedes noch so komplizierte Stück begnadet auf dem Klavier spielte. Er konnte auch Textpassagen beliebiger Länge

und in jeder Sprache wiederholen, ohne eine einzige Silbe auszulassen. Als ihm einmal zwei Kompositionen von 13 bzw. 20 Seiten vorgespielt wurden, wiederholte er sie fehlerfrei.

- Auch das blinde und rachitisch verkrüppelte Mädchen Ellen Boudreaux, das als geistig zurückgeblieben beschrieben wurde, war hoch musikalisch. Sie konnte jedes noch so komplizierte Lied, das man ihr vorsang oder vorspielte, perfekt nachsingen, nachdem sie es nur einmal gehört hatte.
- Obgleich von äußerst geringer Intelligenz, war Kiyoshu Yamashita ein Genie der Zeichenkunst und wurde als »japanischer van Gogh« gerühmt.
- Alonzo Clemons hat einen IQ von 40 und lebt in einem Heim für geistig Zurückgebliebene in Boulder, Colorado. Dieser Mann hat Hunderte von Skulpturen geschaffen. Eines seiner Kunstwerke erzielte 1992 einen Verkaufspreis von 45 000 US-Dollar.
- E.C., ein intellektuell minderbegabter Kanadier, ist ein geschickterer technischer Zeichner als die professionellen Zeichner, die mit ihm verglichen wurden. Seine Ärzte attestieren ihm eine unglaubliche Fähigkeit, dreidimensionale Perspektiven spontan ohne irgendwelche Hilfsmittel zu erfassen.
- Von Stephen Wiltshire, der in London lebt und einen IQ von 30 hat, gibt es mehrere Bücher mit hinreißend schönen Zeichnungen. Einer dieser Bände, *Floating Cities*, gelangte im Vereinigten Königreich auf Platz eins der Bestsellerliste.
- George und Charles sind geistig behinderte eineiige Zwillinge mit einer unheimlichen Fähigkeit, bestimmte alltägliche Aspekte bis zu 80 000 Jahre in die Vergangenheit zurück zu berechnen. Zum Beispiel können sie sagen, welcher Wochentag am 24. April 929 v.Chr. war. Außerdem können sie genau sagen, welches Wetter an jedem Tag ihres Erwachsenenlebens herrschte.

- Leslie Lemke, zu früh und blind geboren, besitzt ein hervorragendes Gedächtnis. Er singt, spielt und ist in zahllosen Fernsehshows aufgetreten. Es wurden auch zwei Filme über ihn gedreht (1985 und 1987), von denen einer mit vier Emmys ausgezeichnet wurde.

Der mathematisch hochbegabte »Kim« aus Salt Lake City, Utah war die Vorlage für die von Dustin Hoffman gespielte Hauptfigur in dem Film *Rain Man*. Dr. Darold Treffert hat jahrelang einseitig begabte autistische Menschen betreut. Tatsächlich hatte er beratende Funktion beim Film *Rain Man*. Treffert hat das wahrscheinlich berühmteste Buch über einseitig hochbegabte Retardierte geschrieben: *Extraordinary People: Understanding »Idiot Savants«*. Er resümiert, wie wenig wir über diese rätselhafte Störung wissen:

Das Syndrom der einseitig hochbegabten Retardierten kommt vergleichsweise selten vor. Merkwürdigerweise scheinen etwa 10 Prozent der autistischen Kinder zu diesem Personenkreis zu gehören. Eine Überprüfung von 90 000 in psychiatrischen Heil- und Pflegeanstalten untergebrachten Betreuungsbedürftigen ergab 54 einseitig Hochbegabte; das entspricht etwa einem von 2 000 Insassen. Dabei kommen auf eine Frau sechs Männer. Diese Zahlen lassen sich sehr wahrscheinlich auf andere Länder übertragen.

Bisher gibt es laut Treffert keine einzige Theorie, die das rätselhafte Phänomen erklären könnte. Vielmehr sind die Theorien fast so zahlreich und individuell wie die Fallgeschichten.

Nichtsdestoweniger zeichnen sich sechs Erklärungsmöglichkeiten ab, die jedoch alle lückenhaft sind.

1. Manche Fachleute glauben, diese Kranken besäßen ein »eidetisches Gedächtnis«, das weit über das Normale hinausgeht. Es ist dies die Fähigkeit, riesige Mengen an Informationen visuell ganz schnell aufzunehmen, zu speichern und

abzurufen. Doch kann diese Theorie ganz sicher nicht alle Arten dieser einseitigen Begabungen erklären. Schließlich sind manche ja auch blind und visuell gar nicht aufnahmefähig.

2. Diese Menschen sollen die besondere Begabung von ihren Eltern geerbt haben. Doch fast immer bekommen vollkommen normale und ganz gewöhnliche Eltern einseitig hochbegabte retardierte Kinder und einseitig hochbegabte Eltern bekommen völlig normale und ganz gewöhnliche Kinder.
3. Manche sind überzeugt, die einseitig hochbegabten Retardierten litten unter sensorischer Deprivation und gesellschaftlicher Isolierung. Für einige mag dies zutreffen. Doch dürfte dies eher die Folge als das Symptom der Störung sein. Außerdem wachsen viele einseitig Hochbegabte unter völlig normalen Verhältnissen auf.
4. Manche behaupten, bei einseitig hochbegabten Retardierten sei die Fähigkeit, abstrakt zu denken, gehemmt. Treppert hält dagegen, diese Sicht sei eher eine Beschreibung denn eine Erklärung.
5. Einige behaupten, einseitig hochbegabte Retardierte entwickelten »kompensatorische Fähigkeiten« wie bewusstes Sicheinprägen als Mittel, mit ihrer Behinderung klarzukommen. Aber auch hier wendet Treffert ein, diese Menschen seien gar nicht imstande, ihren Zustand zu erkennen.
6. Schließlich gehen einige davon aus, dass die einseitig hochbegabten Retardierten Opfer eines organischen Hirnschadens sind oder Probleme mit der »Lokalisation im Gehirn« haben (Lateralisation der rechten/linken Hemisphäre usw.). Doch bei vielen dieser Patienten sind EEG und CT völlig normal und keinerlei organische Hirnschäden erkennbar. Daher stellt Treppert zusammenfassend fest, »dass das Verhalten einseitig hochbegabter Retardierter komplex und schwer zu begreifen ist, und obwohl dieses Verhalten ein-

deutig vorhanden ist, bleibt es bei Individuen wie auch insgesamt unerklärt. Die Suche nach einer Deutung wird fortgesetzt. Kein Modell der Hirnfunktion, insbesondere des Gedächtnisses, wird vollständig sein, solange es nicht dieses Phänomen einbezieht und erklärt.«

Und was lernen wir daraus?

Das Phänomen der gescheiten Dummen veranschaulicht die Extreme menschlicher Begabung: die ironische Verknüpfung zwischen Genie und Idiot – und das in ein und demselben menschlichen Körper. Es unterstreicht erneut, dass wir uns nach Kräften bemühen müssen, die Extreme des Menschengeschlechts zu verstehen und zu würdigen und niemals lächerlich zu machen oder zu verdammen. Die meisten Menschen ähneln sich. Manche sind anders – und wenige sind ganz anders.

Unter den vielen Merkwürdigkeiten des Gehirns ist die einseitige Begabung von geistig Zurückgebliebenden eines der eindrucksvollsten Phänomene.

Ein Fallbericht: die Gedächtnisleistungen von T.M.

Psychologen der Londoner Universität haben nachgewiesen, dass Menschen mit brillantem Gedächtnis in Wirklichkeit gar nicht so außergewöhnlich sind. Sie beschreiben die Kopfarbeit von T.M., einem 25-jährigen Mann, der ein Meister der Mnemotechnik ist. Er verblüfft sein Publikum mit seinen scheinbar unmöglichen Gedächtnisleistungen. Für T.M. ist nichts Rätselhaftes oder Paranormales dabei. Er erklärt genau, wie er mnemotechnisch vorgeht. Hier ein Beispiel:

Bei seinen Auftritten lässt sich T.M. von Leuten aus dem Publikum die Geburtsdaten nennen und gibt dann blitzschnell den Wochentag dazu bekannt. Den Tag der Geburt errechnete er ursprünglich anhand eines Systems von Zahlencodes für die Jahre und Monate, die er kombi-

nierte und bestimmten Berechnungen zuführte. Mit zunehmender Routine jedoch entwickelte T.M. viele verkürzte Rechenverfahren, und heute weiß er oft von vornherein, dass zu bestimmten Daten bestimmte Tage gehören, praktisch als wüsste er Multiplikationstafeln auswendig. Jedes Jahr und jeder Monat hatte einen Code zwischen 0 und 6 und T.M. hat die Codes sämtlicher Jahre zwischen 1900 und 2000 auswendig gelernt. Seine Methode ist nun folgende: Für jedes vorgegebene Datum addiert er die Codes für Monat und Jahr und dividiert die Summe durch 7; der Rest ergibt dann den Wochentag. Zum Beispiel: Das angenommene Geburtsdatum sei der 27. Oktober 1964. Das ergibt 27 + 1 (der Code für Oktober) + 3 (der Code für 1964) = 31; geteilt durch 7 ergibt das einen Rest von 3, und das ist der dritte Tag der Woche, der Dienstag.

Das geschäftige Gehirn: Tu was oder lass es

Wie bereits erwähnt, behaupten viele Hirnforscher, das Gehirn werde umso leistungsfähiger, je mehr es gefordert wird. Getreu dem bekannten Prinzip »Wer rastet, der rostet«. Doch ist diese Regel auch wirklich wissenschaftlich bewiesen?

Eine Arbeitsgruppe von Psychologen an der Universität von Kalifornien testete eine Gruppe von Akademikern mit einer fünfteiligen Reihe von Intelligenztests und verglich ihre Leistung mit der von gleichaltrigen Nicht-Akademikern. Die Tests erfassten vor allem die Gedächtnisleistungen. Die Vermutungen gingen dahin, dass in der Kategorie der geistig besonders Regen wahrscheinlich mehr Akademiker sein würden. Und tatsächlich schnitten die Akademiker in den Intelligenztests weitaus besser ab. Doch werden auch die geistigen Fähigkeiten von Akademikern mit der Zeit schwächer.

Der Leiter der Studie, Dr. Arthur Shimamura, resümiert: »Sie mögen geistig noch so rege sein, ein allmählicher Abbau tritt unvermeidlich ein.« Freilich bleibt ein Gehirn, das ständig gefordert wird, viel länger fit.

XXVII

DAS SCHIZOPHRENE GEHIRN: WENN JEMAND GLAUBT, ER SEI GESPALTEN

Bei der Schizophrenie sind unzählige Fragen offen.

Zuerst wollen wir aber einige grundlegende Fakten über diese Krankheit sammeln.

Schizophrenie ist eine ziemlich verbreitete psychiatrische Krankheit. Es wird angenommen, dass mindestens ein Prozent der Bevölkerung einmal im Leben einen schizophrenen Schub erleidet. Praktisch jeder begegnet irgendwann einem Schizophrenen oder hat einen an Schizophrenie Erkrankten in der Familie.

Schizophrenie ist ein schwer zu begreifendes Leiden und nicht einfach zu diagnostizieren. Es müssen, dies als Leitlinie, wenigstens ein paar der folgenden Symptome vorhanden sein: formale und inhaltliche Denkstörungen. Wahrnehmungsstörungen (wie z.B. Halluzinationen), Störungen der Aufmerksamkeit, des Willens, der Motorik, der Emotionen, der zwischenmenschlichen Beziehungen, Ideenflucht, unangemessene oder abgestumpfte Gefühle und eine ausgeprägte Apathie und tiefe Hoffnungslosigkeit.

Mit einer Fülle von Symptomen verstört die Schizophrenie das Seelenleben des Kranken. Man unterscheidet die akute von der chronischen Schizophrenie sowie etliche Unterformen, auf die wir hier nicht im Detail eingehen können: paranoid-halluzinatorische, hebephrene, katatone Form, Schizophrenia simplex, schizo-affektive Form, zoenästhetische Form. Behandelt wird die Schizophrenie mit Medikamenten, begleitend sind Psychotherapie und Soziotherapie erforderlich.

Häufigstes Leitsymptom einer Schizophrenie ist das Hören von Stimmen, als wäre der Erkrankte in zwei Wesen gespalten (daher die alte Bezeichnung »Spaltungsirresein«). Viele Mythen ranken sich um die Schizophrenie. Einer davon ist der alte Glaube, dass Schizophrenie in ländlichen Gebieten häufiger sei als in Städten. Außerdem behaupten Leute, deren Wissen nicht auf dem neuesten Stand ist, Schizophrene würde es oft vom Land in die Stadt verschlagen und es sei typisch für die Krankheit, dass die Patienten sich dort in selbst gewählte Isolation begeben. Diese Annahmen dürfen zu Recht bezweifelt werden.

Eine Untersuchung über schizophrene Männer in Schweden ergab, dass nicht die Männer, wenn sie an Schizophrenie erkrankten, in die Stadt zogen, sondern dass Männer, die in der Stadt aufgewachsen waren, eher dazu neigten, eine Schizophrenie zu bekommen. Wissenschaftler vermuten, ein Umweltfaktor in den Städten könnte den Bewohnern ein höheres Schizophrenie-Risiko bescheren.

Doch lassen wir die Mythen beiseite und wenden wir uns den Ursachen der Schizophrenie zu. Hier sind noch viele Fragen offen. Eine Zeit lang wurde elterliches Versagen verantwortlich gemacht – meist wurde einer kalten, distanzierten Mutter die Schuld gegeben. Nahezu alle Experten lehnen diese Ansicht inzwischen ab, und die Eltern können ihr schlechtes Gewissen beschwichtigen.

1990 entdeckten Wissenschaftler der Johns-Hopkins-Universität einen Zusammenhang zwischen einer Schrumpfung der oberen Schläfenwindung im Gehirn und schweren akustischen Halluzinationen. Auf diesem Befund formulierten sie die Theorie, dass Schizophrenie auf einer Schädigung einer spezifischen Zone in der linken Hirnhälfte beruht. Wenn der Schizophrene Stimmen hört, ist gleichzeitig die Aktivität in dem Teil des Gehirns gesteigert, der beim Sprechen oder Denken von Wörtern aktiv ist.

Diese Theorie wurde 1992 von einer Arbeitsgruppe der Universität Harvard bestätigt, die einen Zusammenhang zwischen Schizophrenie und Schrumpfung des linken Schläfenlappens nachwies, speziell in den Rindenfeldern für Gehör und Sprache.

Offenbar besteht eine enge Beziehung zwischen dem Ausmaß der Denkstörung und der Größe der oberen Schläfenwindung. An anderer Stelle war bereits die Rede davon, dass die Hirnwindungen durch die räumlich bedingte Auffaltung des Gehirns im Lauf der Entwicklungsgeschichte zustande kamen. Anhand vergleichender Kernspintomographien stellten die Harvard-Forscher fest, dass die obere Schläfenwindung bei Schizophrenen fast um 20 Prozent kleiner war.

Obwohl diese Arbeiten zur Ursachenforschung bei der Schizophrenie keine Wege zur Therapie dieses Leidens gebahnt haben, blicken die Forscher hoffnungsvoll in die Zukunft.

Heute sehen wir häufiger Forschungsergebnisse, die optimistisch stimmen. An der Universität von Iowa versucht man zu klären, ob Schizophrenie durch Anomalien im Thalamus und anderen Hirngebieten, die mit ihm verbunden sind, ausgelöst werden könnte. Darauf weist bereits hin, dass der tief im Gehirn liegende Thalamus daran mitwirkt, die Aufmerksamkeit zu fokussieren, Empfindungen zu filtern und andere Informationen zu verarbeiten. Tatsächlich können Störungen im Thalamus und seinen verwandten Strukturen, die sich vom Rückenmark bis hinter die Stirn erstrecken, das vollständige Spektrum schizophrener Symptome erzeugen.

Möglicherweise ist bei einer Schizophrenie das gesamte Gehirn beteiligt und psychologische Begriffe wie das existierende Selbst sind einzubeziehen. Eine Veranlagung zum Stimmenhören etwa könnte von einer abnormen Aktivität in Gehirnregionen abhängen, die für die Wahrnehmung innerer Sprache zuständig sind und entscheiden, ob die Stimmen von innen oder von außen kommen.

Gibt es ein bevorzugtes Alter für das Auftreten derartiger Gehirnschäden? Obwohl die Symptome einer Schizophrenie im frühen Erwachsenenalter beginnen, kann der ursächliche Gehirnschaden bereits in der Kindheit eingetreten sein. Auf welche Weise diese Nervenschädigung zustande kommt, ist ziemlich unklar, doch spiegelt sie Störungen der Gehirnentwicklung, die vor oder kurz nach der Geburt auftreten.

Dagegen behaupten einige Experten, die Schizophrenie werde durch ein Virus verursacht – und zwar durch ein bekanntes Virus. Eine kontroverse, aber sehr interessante Überlegung zur Ursache der Schizophrenie hat Dr. John Eagles vom Royal Cornhill Hospital in Aberdeen beigesteuert. Nach seiner Ansicht könnte das Poliovirus auch an der Schizophrenie schuld sein. Mehr noch, er behauptet, Schizophrenie könnte Teil eines »Post-Polio-Syndroms« sein.

Eagles stützt sich auf die Tatsache, dass seit Mitte der 1960er-Jahre die Zahl der Schizophrenien in England, Wales, Schottland und Neuseeland um rund 50 Prozent gesunken ist. Zeitgleich dazu wurde in diesen Ländern die Schluckimpfung gegen Polio eingeführt (im Vereinigten Königreich 1962). Parallel zur Polio wurden also auch Schizophrenien seltener – und damit hatte niemand gerechnet.

Eagles fügt hinzu, dass im US-Bundesstaat Connecticut die wegen Schizophrenie eingewiesenen Patienten signifikant häufiger in den Jahren geboren waren, in denen hohe Polio-Infektionsraten gemeldet wurden.

Außerdem weist Eagles darauf hin, dass nicht geimpfte Jamaikaner, die in das Vereinigte Königreich einwanderten, auffallend häufiger an Schizophrenie erkrankten als die eingeborene Bevölkerung.

Eagles weist darauf hin, dass die medizinische Wissenschaft in den letzten Jahren ein »Post-Polio-Syndrom« identifiziert hat. Dieses Syndrom, das etwa 30 Jahre nach einer Kinderlähmung auftritt, äußert sich bei den Überlebenden mit schwerer Erschöpfung, neurologischen Störungen, Gelenk- und Muskelschmerzen und erhöhter Empfindlichkeit (vor allem gegen Kälte). Da eine Schizophrenie gewöhnlich um das dreißigste Lebensjahr auftritt, stimmen diese Daten und ähnliche Modelle mit der These überein, Schizophrenie könne ein »Post-Polio-Syndrom« nach einer perinatalen Infektion mit Polioviren sein, meint Eagles.

Zwei Wissenschaftler von der Cornell-Universität, David Silberzweig und Emily Stern, behaupten, das Gehirn von Schizophrenen sei wohl nicht massiv gestört, aber sie beobachteten gleichwohl etwas sehr Interessantes: In der Positronenemissionstomographie (PET) fanden sie ein geeignetes Mittel, um die Hirndurchblutung während Halluzinationen zu bestimmen.

Sie untersuchten sechs schizophrene Männer, die sämtlich Stimmen hörten und entweder auf eine Behandlung nicht ansprachen oder keine Behandlung erhielten. Einer der Patienten hatte zusätzlich optische Halluzinationen. Der Tomograph zeichnete die Gehirnaktivität während der Halluzinationen auf. Es stellte sich heraus, dass in diesem Zustand nicht nur die Rindenfelder für die Funktion Hören, sondern auch mehrere tiefe Regionen des Gehirns stärker durchblutet waren: der Hippocampus, der Gyrus parahippocampalis, der Gyrus cinguli, der Thalamus und das Corpus striatum. Diese Reaktionen des Gehirns legen nahe, dass der Schizophrene »seine« Stimmen wirklich hört.

Die Sprache schizophrener Patienten ist oft unlogisch, zusammenhanglos und umständlich. Früher galt dies als Beweis, dass der Kranke von Dämonen besessen war. Inzwischen gibt es eine weniger übersinnliche Erklärung: Die Probleme der sprachlichen Äußerung spiegeln einen Defekt des Kurzzeitgedächtnisses.

Bei Schizophrenen ist die präfrontale Hirnrinde auffallend weniger aktiv – und gerade in dieser Region wird das Kurzzeitgedächtnis lokalisiert. Wenn also ein Schizophrener sich das Subjekt eines Satzes nicht so lange merken kann, bis er beim Verb oder beim Objekt ankommt, wird seine Aussage bruchstückhaft und zusammenhanglos.

Das alles ist äußerst spannend, zeigt aber auch, wie viele Fragen zum Thema Schizophrenie noch offen sind.

Schizophrenie als Folge einer mütterlichen Immunreaktion oder einer Malnutrition?

Manche Wissenschaftler behaupten, Unterbrechungen der fetalen Gehirnentwicklung könnten eine spätere Schizophrenie fördern. An der Universität von Pennsylvania wurden die Krankheitsregister der Bevölkerung Dänemarks ausgewertet. Die Ergebnisse lassen den vorsichtigen Schluss zu, dass schwere Malnutrition der Mutter während der ersten Schwangerschaftsmonate, desgleichen eine Immunreaktion des mütterlichen Körpers gegen das Ungeborene im Sinne einer späteren Schizophrenie wirken könnten.

Hilfe bei Gedächtnisschwäche

Im höheren Alter baut ein Enzym namens Pyrrolidinproteinase zunehmend die Neuropeptide ab, die am Lernprozess und am Gedächtnis mitwirken. Bei der Alzheimerkrankheit läuft dieser Vorgang beschleunigt ab. Dies führt zum Gedächtnisverlust und zu einem verkürzten Aufmerksamkeitsumfang. Französische Wissenschaftler haben kürzlich Substanzen entdeckt, die verhindern, dass die Pyrrolidinpeptidase die Neuropeptide knackt. Bei amnestischen Ratten konnte durch Gabe dieser Substanzen das Gedächtnis nahezu vollständig wiederhergestellt werden.

XXVIII

DAS AUTOAGGRESSIVE GEHIRN

Die meisten Menschen schützen ihren Körper gegen Schmerzen und vor Entstellung. Allerdings nicht alle.

Im Pentridge-Gefängnis in Melbourne sitzt ein Mann ein, der seinem Körper bei 77 Gelegenheiten Verletzungen beigebracht hat. Er hat sich durch Schnitte, Stiche und Brandwunden verletzt, hat sich gepierct, Gift genommen und sich Teile seines Körpers amputiert. Er hat Glassplitter und den Inhalt einer 9-Volt-Batterie geschluckt und hat Messingpolitur und Schwefelsäure getrunken. Er hat sich beide Ohren abgeschnitten (eins davon gegessen) und seine Brustwarzen, Teile seines Penis, seines Hodensacks und eine Ferse amputiert. Er hat sich Fischgräten in die Augen und Draht in die Harnröhre gestoßen. Die Achillessehnen hat er sich durchtrennt, beide Füße an den Boden genagelt, sich Urin injiziert, mithilfe eines Füllfederhalters sich nach und nach einen Liter Blut aus der Armvene gezapft und mit Rasierklingen in seinen After geschnitten.

Dieser Fall von offener Selbstverstümmelung mag zwar besonders extrem und bizarr erscheinen, aber ganz allgemein kommen Selbstbeschädigungen in Gefängnissen und anderen geschlossenen Einrichtungen nicht gerade selten vor.

Einer der angesehensten Experten, die dieses Phänomen erforschen, ist Dr. Armando Favazza. Er behauptet, dass weltweit die meisten Gefängnisinsassen sich in irgendeiner Form selbst verstümmeln und dass dies angesichts der Zustände in den Anstalten aus durchaus einleuchtenden Gründen geschieht. Darüber hinaus dürfe die Selbstbeschädigung nicht als deviant, sondern müsse als »positive Handlung« betrachtet werden – als Form einer »Symptome mildernden Selbstbehandlung«. Sie ist der Versuch des Individuums, sich in einer feindlichen, entmenschlichenden und zerstörerischen Umgebung seiner selbst zu vergewissern. So betrachtet, wird die Selbstbeschädigung ironischerweise zu einer Form des Selbstschutzes.

Favazza hat ein wichtiges Buch zu diesem Thema geschrieben: *Bodies Under Siege: Self-Mutilation in Culture and Psychiatry*

(Körper im Belagerungszustand: Selbstbeschädigung in Kultur und Psychiatrie). Darin heißt es an einer Stelle: »Die Zwangsunterbringung erzeugt oft Gefühle der Verzweiflung und der Langeweile bei den Insassen der Anstalten, die sich in die Selbstbeschädigung flüchten, um mit diesen Gefühlen fertig zu werden.« Die Eingriffe reichen vom Tätowieren bis zur Trepanation (Anbohren der Schädeldecke).

Die Selbstbeschädigung eines Gefängnisinsassen dient eigentlich dazu, sein Gefühl für die Integrität seines physischen Körpers zu erhalten oder wiederherzustellen. Indem diese Person sich ins eigene Fleisch schneidet oder sich in anderer Weise verletzt, kann sie sich vorübergehend von unerträglichen inneren Spannungen, von überwältigenden Gefühlen der Depression, Depersonalisation, Angst, Schuld, Hilflosigkeit und Wut befreien.

Favazza belegt seine Theorie am Beispiel eines kanadischen Gefängnisses für junge Mädchen. Geradezu epidemisch brachten sich 86 Prozent der Insassinnen Schnitte an ihrem Körper bei. Favazza wertet die Selbstverstümmelung der Mädchen als den »Inbegriff persönlicher Freiheit, durch die sie sich vergewissern konnten, in gewisser Weise doch Herrin über ihr Schicksal zu sein«.

Er berichtet weiter, dass die üblichen Mittel des Gefängnispersonals, die Selbstverstümmelungsepidemie zu stoppen, nicht griffen. Das Arsenal umfasste Aufklärung, Medikamente, Psychotherapie, Drohungen und Strafen, wie Entzug von Privilegien und Einzelhaft. Tatsächlich bewirkten diese Maßnahmen nur, dass sich die Manipulationen der Mädchen verzehnfachten. Schließlich probierte das Personal etwas Neues. Sie taten so, als wäre ihnen die Selbstbeschädigung der Mädchen gerade recht. Außerdem gewährten sie den Mädchen innerhalb des Gefängnisses größere Selbstbestimmung. Unmittelbar danach brach die Epidemie zusammen.

Leider konnte das Personal den eigenen Kontrollverlust auf die Dauer nicht verkraften. Die Lockerungen des Vollzugs wurden zurückgenommen, das alte autoritäre Programm wieder eingeführt – und erneut blühten die Selbstbeschädigungen auf.

Der italienische Psychiater Basaglia findet, der Psychiatriepatient könne aus seiner Perspektive angesichts von verschlossenen Türen, Gummizellen, vergitterten Fenstern, Zwangsjacken und anderen Zwangsmaßnahmen keinen anderen Schluss ziehen als den, wild um sich zu schlagen, sich zu wehren und zu entweichen. Innerhalb einer lebensverachtenden totalitären Einrichtung bleibt nur noch die verbotene Handlung als Zeichen der früheren unabhängigen Existenz übrig. Eine Patientin, die zum 16. Mal in die geschlossene Abteilung des Boston State Hospital zwangseingewiesen wurde, wiederholte gebetsmühlenartig: »Ich schneide mich, ich schneide mich, ich zeig ihnen, dass ich das kann.«

Grobe Selbstbeschädigungen können bei Schizophrenien, Angstpsychosen und bei progressiver Paralyse vorkommen.

Heimliche Selbstbeschädigungen bringen sich mitunter Personen bei, um Krankheitssymptome zu erzeugen, die ihnen die Zuwendung eines Arztes verschaffen. Diese Menschen haben als Kinder »Zuwendung« oft in Form körperlicher Misshandlung erlebt. Indem sie sich Verletzungen zufügen, veranlassen sie den Arzt zu »körperlichen Misshandlungen« – wenn er ihnen z.B. bei diagnostischen Eingriffen weh tun muss – und erfahren auf diese Weise die ersehnte Zuwendung. Die heimlichen Selbstbeschädigungen zählen zu den artifiziellen Erkrankungen. Sie dürfen nicht mit Simulation verwechselt werden.

Genitale Verstümmelung, Piercing & Co.

Hier soll nicht auf den bitteren Tatbestand der Genitalverstümmelung in afrikanischen Ländern eingegangen werden.

Die genitale Verstümmelung bei zivilisierten Bevölkerungskreisen ist nach Ansicht Londoner Ärzte teilweise zu verstehen als Folge einer wahnhaft motivierten Handlung vor dem Hintergrund einer geringen Selbstachtung, einer prämorbiden Beschäftigung mit dem Körperbild, erzwungener frühzeitiger sexueller Aktivität und damit einer tiefen Ambivalenz gegenüber der Erwachsenensexualität.

Angenommen, dies träfe zu, dann wäre das Körperpiercing und Tätowieren verständlich. Viele junge Leute empfinden wenig Selbstachtung, sind sich unsicher über ihr Körperbild usw. Die Frage ist: Wie groß ist der Schritt vom schicken Piercing bis zu einer krankhaften Genitalverstümmelung? Vermutlich nicht allzu groß.

Geisteskrankheit und Einfluss der Sonne

Etwas Merkwürdiges haben israelische Psychologen herausgefunden: Offenbar besteht eine überraschende positive Korrelation zwischen Sonnenaktivität und psychiatrischen Erkrankungen. Die Psychologen werteten die Einweisungsunterlagen aus, die im Laufe von zehn Jahren in einer psychiatrischen Abteilung eingegangen waren, und prüften sie auf eine mögliche Korrelation zwischen zehn psychiatrischen Symptomen und der geophysikalischen Aktivität. Von zehn nicht näher definierten Symptomen zeigten vier eine signifikante Korrelation, nämlich mit plötzlicher Magnetaktivität, mit dem Index der geomagnetischen Aktivität und mit der Dauer der positiven Ionisierung der Ionosphäre im entsprechenden Monat. Der Prozentsatz der Varianz war sehr gering.

Die Sonne könnte demnach einen Einfluss auf Geisteskrankheiten haben, aber das Wie ist völlig unklar.

Epilepsie im Fernsehen

Dianne Neale, eine 49-jährige Frau, die nie nervenkrank gewesen war, bekam einen epileptischen Anfall, als sie in der Fernsehshow »Entertainment Tonight« die Stimme der Gastgeberin Mary Hart hörte. Frau Neale bekam Magenbeschwerden, ein Druckgefühl im Kopf und war verwirrt. Laboruntersuchungen bestätigten abnorme elektrische Entladungen in ihrem Gehirn. In einer eigens einberufenen Pressekonferenz wies Frau Neale energisch darauf hin, sie sei nicht verrückt, und äußerte sich empört, sie sei lächerlich gemacht worden, gebe aber Mary Hart keine Schuld. Hart entschuldigte sich öffentlich für den Vorfall, der übrigens dem New England Journal of Medicine *einen Bericht wert war.*

Der Hypothalamus – ein lebenswichtiges Steuerungsorgan

Der Hypothalamus ist der untere Teil des Zwischenhirns. Er befindet sich oberhalb der knöchernen Anteile der Nase. Nach unten ragt aus dem Hypothalamus als kleines rundes Gebilde die Hirnanhangsdrüse in eine Mulde mitten in der Schädelbasis, den wegen seiner Form so genannten Türkensattel. Der Hypothalamus reguliert lebenswichtige Funktionen im menschlichen Körper: den Herzschlag, die Atemfrequenz, die Körpertemperatur, den Schlaf-Wach-Rhythmus und den biologischen Zeitpunkt, an dem die sexuelle Reife beginnt.

XXIX

DAS SCHRUMPFENDE GEHIRN

Es gibt so viele psychiatrische Störungen wie Sterne am Himmel.

Die Kulturpsychiatrie ist ein Zweig der Psychiatrie, der in den 1970er-Jahren aus Anthropologie und Psychiatrie hervorging. Vertreter beider Fachrichtungen werfen der Schulpsychiatrie die vorherrschende Lehrmeinung vor, Geisteskrankheiten seien universale Phänomene, denen identische biologische Mechanismen zugrunde liegen, auch wenn die Symptome von einer Kultur zur anderen variieren. Krankheiten wie die Schizophrenie treten zwar in allen Kulturen auf, andere Geisteskrankheiten aber nicht. Außerdem sind die Erscheinungsformen und die Verläufe der Krankheiten so außerordentlich verschieden (zwischen den Kulturen), dass ein Arzt ebenso gut ganz verschiedene Krankheiten behandeln könnte.

Die Navajo-Krankheit

Bei den Navajo-Indianern im amerikanischen Südwesten kommt eine Krankheit vor, die gefürchtet wird wie bei den Europäern Aids. Die Erkrankten bekommen der Epilepsie ähnliche Symptome, die zu unkontrollierbarer Raserei und hysterischem, selbstzerstörerischem Verhalten führen. Der Erkrankte glaubt oft, dass ein Teil seines Körpers immer mehr schrumpft – der Kopf, der Leib, die Geschlechtsorgane usw. Dabei fehlen körperliche Zeichen einer Krankheit gänzlich. Es ist eine rein psychosomatische Angelegenheit. Die Indianer nennen die Krankheit »Motten im Gehirn«, weil die Bewegungen der Kranken an das Flattern von Motten erinnern.

Anthropologen der Universität von Arizona behaupten, die Navajo-Krankheit trete auf, wenn das Inzesttabu verletzt worden sei. Auch wenn die Krankheit in jungen Jahren ausbricht, glauben die Indianer an einen Tabubruch eines der Eltern und dass die Krankheit vor der Geburt übertragen wurde.

Koro

Diese ebenfalls wenig bekannte Krankheit kommt meist bei Bewohnern Süd- und Südostasiens vor und äußert sich in heftigen und oft wahnsinnig machenden Angstattacken, die von einer überwältigenden Furcht begleitet werden, die Geschlechtsorgane würden schrumpfen, abfallen oder im Bauch verschwinden. Der Patient ist meist überzeugt, dass er sterben wird, sobald dies geschieht. Die Krankheit befällt Männer (mit Penis und Hoden) viel häufiger als Frauen (Brüste, weibliches Genitale). Mediziner und Verhaltenswissenschaftler wissen nicht, warum Koro in dieser Form und hauptsächlich in asiatischen Ländern auftritt. Koro ist nicht zu verwechseln mit *kuru*, einer durch infektiöse Partikel verursachten Krankheit mit langer Inkubationszeit (Prionkrankheit), die bei den Foré im Hochland von Papua-Neuguinea durch Verzehr infizierter Leichenteile ausgelöst wurde. Die von dieser »Lachkrankheit« Befallenen können ihre Gesichtsmuskeln nicht mehr beherrschen, schielen, zittern und verblöden. Sie sterben innerhalb eines Jahres nach Ausbruch der Krankheit.

Koro ist der malaysische, aber auch der anerkannte wissenschaftliche Name dieser psychiatrischen Störung, die in China *saoyang* heißt und überdies unter verschiedenen Dialektbezeichnungen bekannt ist. Anthropologen haben etliche Koro-Epidemien beschrieben, die ganze Dörfer heimsuchten; die klinischen Publikationen sind jedoch spärlich, vor allem was die Ursache des Leidens betrifft. Die erkrankten Männer sind unreif und unselbstständig, haben kein Zutrauen in ihre Männlichkeit und sind im Konflikt mit ihrem Geschlechtstrieb. Oft fürchten sie die Gefahren der Masturbation oder sexueller, auch drogenbedingter Exzesse.

Koro-Anfälle können Stunden, Tage oder noch viel länger dauern. Die zeitgemäße Behandlung erfolgt medikamentös und psychotherapeutisch. Die traditionelle volksmedizinische Behandlung ist dagegen viel aufwändiger und bunter, beispielsweise indem Angehörige und Freunde den Penis festhalten, damit er nicht in den Bauch hineingesaugt wird.

1987 gab es in Seattle den ersten Koro-Fall bei einem erwachsenen US-Bürger. Hier die Aufnahmenotizen der betreuenden Ärztin Dr. Mayonda Scher: »… lediger Weißer Mitte zwanzig ohne psychiatrische Anamnese … klagte bei der Aufnahme, dass er in den vergangenen vier bis fünf Tagen keine Erektion bekommen konnte. ›Irgendwas da unten stimmt nicht‹, sagte der Mann, ›mein Zipfel wird kleiner, deswegen spiel ich dauernd mit ihm, um mich zu vergewissern, dass er noch da ist.‹« Er hatte Angst, dass seine Hoden und sein Penis im Bauch verschwinden würden. Seit sein Problem begonnen hatte, wurde er von schrecklichen Ängsten geplagt. Er hatte schlecht geschlafen und sein Denken war verlangsamt und verworren. Ein oder zwei Tage vor der Aufnahme im Krankenhaus hatte er seinen Eltern von seiner Not erzählt, die irritiert und verärgert reagierten und dadurch seinen Schrecken noch vergrößerten. Am Abend vor der Aufnahme schließlich lud er ein Gewehr vor den Augen seiner Mutter und drohte, sich umzubringen. Am nächsten Morgen brachte seine Schwester ihn in die Klinik.

Beim Gespräch mit der Ärztin zeigte sich ein verstörter, erbarmungswürdiger Mensch. Der älteste Bruder des Patienten war in Vietnam an einer Schizophrenie erkrankt. Er stand seiner Mutter besonders nahe. Er war das fünfte von acht Kindern. Die ganze Familie wohnte im selben Haus oder nahe beieinander. Alle gehörten derselben strengen Religionsgemeinschaft an. Der Patient war immer schüchtern und nervös gewesen, hatte in der Schule versagt und nur Gelegenheitsjobs gehabt und war bei der Aufnahme seit drei Monaten arbeitslos.

Zu alldem war der junge Mann fettsüchtig, hatte einen zu hohen Blutdruck, trank täglich beachtliche Mengen Alkohol und masturbierte fünf- oder sechsmal am Tag, obwohl er deswegen ein schlechtes Gewissen hatte, da seine Religion dies verbot.

Immer wenn er sich selbst befriedigte, glaubte er, würden Jesus Geißelstriemen auf dem Rücken zugefügt. Außerdem hatte der Patient keine Männerfreundschaften und stets Pech mit seinen Beziehungen zu Frauen gehabt. Er hatte jede Hoffnung zu heiraten oder von zu Hause auszuziehen aufgegeben. Der Mann wurde 13 Tage medikamentös und psychotherapeutisch in der Klinik behandelt, anschließend ambulant. Ironischerweise stellte sich zum Schluss noch heraus, dass der Patient im Alter von zwölf Jahren eine kurze inzestuöse Beziehung zu seiner Schwester gehabt – derselben, die ihn in die Klinik gebracht hatte.

Windigo

Die Ojibwa- und Cree-Indianer im Nordosten Kanadas glauben an ein furchtbares Riesenmonster namens Windigo, das eine Gier nach Menschenfleisch hat. Das Windigo hat ein grässliches gefährliches Maul mit lückenhaften, rasiermesserscharfen Zähnen. Ständig faucht es und macht andere laute und unheimliche Geräusche. Aus seinen vorstehenden Augen trieft Blut. Seine Füße sind fast einen Meter lang und enden in einem krallenbewehrten Zeh. Windigo haust in finsteren Wäldern, ist völlig unempfindlich gegen Kälte und praktisch unbesiegbar. Wenn es ein Opfer gefunden hat, gibt es kein Entrinnen. Kehrt ein Jäger nicht von der Jagd zurück, dann glauben seine Gefährten, ein Windigo habe ihn erwischt.

Manchmal wird ein Indianer vom Geist eines Windigo besessen. Das passiert, wenn es einem Jäger nicht gelungen ist, die Nahrung für seine Familie zu beschaffen – in dieser Gesellschaft das größte Versagen und der schlimmste Verstoß. Wie das Windigo, so empfindet auch der von ihm Besessene ein heftiges Verlangen nach menschlichem Fleisch. Die kannibalistischen Triebe sind meist auf Mitglieder der eigenen Sippe gerichtet, die der Besessene tötet und verspeist, falls man ihn nicht rechtzeitig daran hindert. Männer, die an Windigo-Psychose erkrankt sind, flehen oft, man möge sie vernichten, und erheben keine Einwände gegen die eigene Tötung. Windigo wurde übrigens schon im 18. Jahrhundert beschrieben.

Derartiger Kannibalismus stellt eine Verletzung des stärksten Tabus bei diesen Indianerstämmen dar, deren traditionelle Versorgung mit Nahrung unsicher ist, vor allem während der langen Wintermonate. Seit jeher sind die Menschen in diesem Teil der Welt vom Hungertod bedroht gewesen. Es leuchtet daher ein, dass bewusste oder unbewusste kannibalistische Impulse nur mit eiserner Disziplin beherrscht werden können.

Susto

Unter »Susto« versteht man in Mittelamerika eine Geisteskrankheit, die dem Erkrankten seine Lebenskraft raubt. Der Erkrankte schläft unruhig, ist teilnahmslos, deprimiert, hat keinen Appetit, vernachlässigt seine Kleidung und seine persönliche Hygiene und ist außerstande, seinen Alltagspflichten nachzukommen. Viele Erkrankte sterben an Susto. Obwohl sie dahinsiechen, weist nichts auf irgendeine körperliche Krankheit oder Verletzung hin. Die Patienten behaupten, Susto sei durch einen plötzlichen Schreck oder ein anderes Trauma ausgelöst. Die Krankheit ist auch unter den Namen *Chibih*, *Espanto* (Entsetzen) oder *Perdida del alma* (Verlust der Seele) bekannt.

Anthropologen der Universität von Kalifornien untersuchten Susto in der Form, wie sie im mexikanischen Bundesstaat Oaxaca auftritt. Von den 48 beobachteten Susto-Patienten, die verschiedenen Altersgruppen angehörten, starben acht innerhalb von sieben Jahren, während alle 48 Personen der Kontrollgruppe nach diesem Zeitraum noch lebten. Die Forscher fanden heraus, dass die Krankheit keine biologischen, sondern soziale Ursachen hat. Die Menschen erkranken an Susto, wenn sie aus irgendeinem Grund die an sie gestellten hohen gesellschaftlichen Erwartungen nicht erfüllen können. Wenn sie die Rolle, zu der sie erzogen wurden, nicht ausfüllen können, flüchten sie in die Krankheit und schließlich in den Tod.

Amok

Der Begriff kommt aus dem Malaysischen. *Amuk* bezeichnet einen hochgradigen Erregungszustand mit aggressiven, gewalttätigen Ausbrüchen bis hin zum Mord – der Mensch »läuft Amok«. Diese Reaktion wird gewöhnlich durch eine (vermeintliche?) Kränkung bei psychisch gestörten, oft cholerischen Personen ausgelöst. Ursprünglich wurde das Phänomen bei Männern aus Laos, den Philippinen, Malaysia, Polynesien, Papua-Neuguinea, bei Navajo-Indianern und in Puerto Rico beobachtet. Inzwischen wurde der Begriff allgemein für den beschriebenen Erregungszustand übernommen.

Auszehrung des Gehirns

Diese psychiatrische Störung kommt angeblich nur in Westafrika vor. Die Betroffenen empfinden eine »totale Erschöpfung des Gehirns«, die sie hindert, sich zu konzentrieren, und ihr Gedächtnis blockiert. Interessanterweise kommt diese Auszehrung bei Studenten an Universitäten und High Schools vor, die unter äußerstem Leistungsdruck stehen.

Gespenster im Kopf

Diese Krankheit, die bei verschiedenen eingeborenen amerikanischen Indianerstämmen vorkommt, äußert sich mit schlimmen Träumen, körperlicher Schwäche, Verwirrtheit, einem Gefühl der Sinnlosigkeit und der Gefahr, mit Appetitlosigkeit, Ohnmacht, Schwindel und Halluzinationen. Diese Gespenster im Kopf hängen mit der Beschäftigung mit Tod und Sterben zusammen, einem sehr wichtigen Thema vieler Indianerkulturen in Amerika.

Taijin kyofusho

Diese psychische Störung kommt nur in Japan vor und zeigt sich in Form ausgeprägter Furcht der betroffenen Person, sie könnte durch ihre äußere Erscheinung, ihre Bewegungen oder ihren Geruch anstößig sein. Manchmal glauben die Erkrankten außerdem, ihr Körper könne schrumpfen, wenn andere Menschen auf sie starren.

Hwa byung

In Korea kann unterdrückte heftige Wut einen Zustand herbeiführen, der sich äußert durch Schlaflosigkeit, akute Panik, eine krankhafte Furcht, unmittelbar vom Tod bedroht zu sein, Verdauungsstörungen, Herzjagen sowie starke Schmerzen und Beschwerden im ganzen Körper.

Sangue dormido

Von »schlafendem Blut« – *Sangue dormido* – sprechen die Einheimischen auf den Kapverdischen Inseln, wenn ein Mensch erkrankt, nachdem er gegen soziale Regeln verstoßen hat. Das Blut schläft oder stockt dann im Körper und verursacht Schmerzen, Taubheitsgefühl, Lähmungen, Krämpfe, Infektionen, Erblindung, Herzinfarkt, Schlaganfall und Fehlgeburten. Manche glauben auch, dass das Gehirn im Schädel schrumpft.

Eine Lehre lässt sich aus all diesen psychischen Störungen ziehen, nämlich dass man bei seelischen Erkrankungen stets den sozialen und kulturellen Hintergrund des Erkrankten berücksichtigen muss. Manchmal entzieht sich ein Mensch zu starkem sozialen Druck durch Geisteskrankheit. Die Magersucht zum Beispiel, die in westlichen Ländern vorkommt, dürfte zumindest teilweise darauf beruhen, dass jungen Frauen ein völlig falsches (unerreichbares) modisches Körperbild vermittelt wird.

Die oben besprochenen Krankheitsbilder zeigen auch, dass manche Personen lieber sterben als zu versagen.

Die Alzheimerkrankheit

Wie kommt es zur Alzheimerkrankheit?

Nach Ansicht vieler Forscher könnten sinkende Konzentrationen des Neurotransmitters Acetylcholin für den geistigen Abbau bei der Alzheimerkrankheit verantwortlich sein. Manche glauben, dass NADH (Nicotinamid-Adenin-Dinucleotid), das den Zellstoffwechsel fördert, die Bildung von Acetylcholin stimulieren, den Verlust von Nervenzellen verzögern und die Symptome der Alzheimerkrankheit verringern könnte. Bei einer Studie in Österreich zeigten Alzheimerpatienten, denen täglich NADH verabreicht wurde, bereits nach 14 Tagen eine verbesserte Gedächtnisleistung.

Nervenwachstumsfaktor gegen Alzheimerkrankheit?

Derzeit untersucht CytoTherapeutics, eine Biotechnologiefirma in San Diego, Kalifornien in einer umfassenden Studie die Wirksamkeit von NFG bei Alzheimerpatienten.

NFG, ein körpereigener Nervenwachstumsfaktor, wird biotechnologisch hergestellt und in das Gehirn der Patienten implantiert in der Erwartung, das Absterben der Nervenzellen zu verhindern. Sollte NFG tatsächlich wirksam sein, dann ließen sich die verheerenden Folgen der Alzheimerkrankheit verzögern.

Was hat Alzheimerkrankheit mit dem Immunsystem zu tun?

Die Ursache der Alzheimerkrankheit kennen wir nicht genau. Zum Fortschreiten der Krankheit gibt es aber inzwischen die interessante Theorie, dass der Krankheitsverlauf durch das eigene Immunsystem des Gehirns verschlimmert werden könnte. Im Gehirn bauen sich entlang der Nervenzellen Proteinfragmente (β-Amyloid) auf, die eigentlich eliminiert werden müssten. Sie bilden flächige Plaques. Die Immunzellen im Gehirn versuchen diese Plaques zu zerstören. Dabei werden Toxine freigesetzt, die ihrerseits gesunde Gehirnzellen zerstören. So gesehen hätte die Alzheimerkrankheit Ähnlichkeit mit anderen Autoimmunkrankheiten wie Arthritis und Lupus erythematodes.

XXX

DAS SCHÜCHTERNE GEHIRN

Verhaltensforscher zählen extreme Schüchternheit zu den »sozialen Phobien«.

Schätzungsweise 40 Prozent der Menschen leiden mehr oder weniger unter Schüchternheit, wobei ein nicht bekannter Anteil dieser Personen eine »soziale Phobie« hat. Die Zeitschrift *Psychologie heute* berichtete 1995, dass 48 Prozent der Amerikaner von sich sagen, sie seien schüchtern. 1996 publizierte die Erste Australische Konferenz über soziale Phobien in ihrer Zusammenfassung eine grobe Schätzung, dass einer von sechs Australiern unter einer ausgeprägten sozialen Phobie leidet. Falls dies zutrifft, dann wäre soziale Phobie die dritthäufigste psychiatrische Störung – nach Alkoholismus und Depressionen. Für schüchterne Menschen kann das Leben qualvoll sein, doch werden sie zu schüchtern sein, dies einzugestehen.

Soziale Phobie wird definiert als ständige Furcht vor einer oder mehreren Situationen, in denen die betreffende Person einer möglichen Wertung durch andere ausgesetzt ist und fürchtet, sie könnte irgendetwas tun oder sich in einer Weise verhalten, die sie demütigen oder ihr peinlich sein könnte. Die soziale Phobie wurde erstmals 1970 im *British Journal of Psychiatry* beschrieben und ist seit 1980 in die Standardterminologie aufgenommen.

Situationen, die eine soziale Phobie auslösen, können praktisch an jedem Ort und in jedem Ambiente gegeben sein, wo mehrere Menschen zusammentreffen und interagieren – bei der Arbeit, in der Schule, bei Begegnungen, Partys, sportlichen oder geselligen Veranstaltungen, ja sogar im Schlafzimmer. Es kommt also jeder Anlass infrage, bei dem andere einen sehen, beurteilen und möglicherweise herabsetzen könnten. Doch wenn jemand, der an einer sozialen Phobie leidet, seine Ängste nicht äußert oder offenbart, werden seine Mitmenschen wahrscheinlich nie das Ausmaß seines Leidens erfahren. Und was für unsereins völlig unbedenklich ist, kann für einen anderen schlimmste Qual bedeuten.

Am häufigsten manifestiert sich soziale Phobie in folgenden Situationen: wenn man in Gegenwart von anderen etwas schreiben soll, in der Öffentlichkeit etwas essen soll und vor allem, wenn man vor Publikum reden soll. Vor dieser letzten Situation fürchten sich die Menschen am meisten. Ironischerweise sind wir Menschen ja die einzigen Lebewesen, die zu differenzierten sprachlichen Äußerungen fähig sind – aber allzu oft graust es uns, vor einem größeren Kreis das Wort zu ergreifen.

Angesichts der kritischen Situation zeigen die Betroffenen hauptsächlich drei Reaktionen: Sie meiden die Situation, wann immer es möglich ist. Oder sie nehmen sich zusammen und stehen die Situation völlig gehemmt durch. Oder sie reagieren vor, während und nach der Situation mit typischen Stresssymptomen, wie Erröten, Schwitzen, Muskelzuckungen, Zittern, Herzklopfen und Harndrang. Oft bewirkt bei manchen Menschen allein schon der Gedanke, sich dem Urteil anderer aussetzen zu müssen und womöglich gedemütigt zu werden, dass sie zittern wie Espenlaub.

Die körperlichen Reaktionen auf Situationen, die eine soziale Phobie auslösen, lassen sich natürlich messen. Bei den Teilnehmern an einem Experiment der Universität Pittsburgh, die aus dem Stegreif eine Rede halten sollten, stieg der systolische Blutdruck auf alarmierende Werte an.

Es spricht vieles dafür, dass soziale Phobien ihre Wurzeln in der frühen Kindheit haben. Tatsächlich können die körperlichen Symptome einer solchen Phobie bereits bei 23 Monate alten Babys auftreten, wie eine sechs Jahre dauernde Langzeitstudie der Harvard-Universität ergab. Verglichen mit nicht gehemmten Kleinkindern hatten die gehemmten (schüchternen, mit einer sozialen Phobie belasteten) Kleinkinder eine deutlich höhere Herzfrequenz. Diese beschleunigte Herzfrequenz blieb während der Gesamtdauer der Studie im oberen Bereich.

Auch die Denkweise von Menschen mit sozialer Phobie wurde untersucht und dabei bestätigte sich, dass diese eine furchtbare Angst haben, von anderen negativ beurteilt zu werden. Das ist aber nicht das Einzige, was sich in ihnen abspielt. In gezielten Tests zeigen sie weniger positive und mehr negative Gedanken als der Durchschnitt.

Die Verhaltensforscher streiten sich ohne Ende darüber, wo Schüchternheit endet und soziale Phobie beginnt. Wohl hat man mehrfach versucht, die Grenzen abzustecken, was aber sehr schwierig ist, zumal in beiden Gruppen mehr oder weniger die gleichen Symptome zu beobachten sind.

Soziale Phobien können glücklicherweise erfolgreich mit Beratungsgesprächen und anderen Formen der Psychotherapie behandelt werden. Mitunter ist die zusätzliche Gabe von Psychopharmaka notwendig. Insbesondere hat sich das Clonazepam, das hauptsächlich in der Epilepsiebehandlung angewandt wird, als sehr hilfreich erwiesen.

Was geht nun eigentlich im Gehirn der Sozialphobiker vor? Offenbar spricht einiges dafür, dass zumindest teilweise eine Funktionsstörung im Serotonin-Stoffwechsel des Gehirns ätiologisch eine Rolle spielt.

Einmal abgesehen davon, wie viele Menschen schüchtern sind und wie groß dabei der Anteil der Sozialphobiker ist – weder für Schüchternheit noch für eine Phobie muss man sich schämen. Und nie sollte man sich scheuen, Hilfe zu suchen. Nie sollte man dazu zu schüchtern sein.

Sprechhemmung

Die häufigste Phobie bei Erwachsenen ist die Angst, vor Publikum zu sprechen. Sie bezieht sich nicht auf normale Konversation, sondern auf Situationen wie z.B. vor einer Gruppe zu sprechen, auf der Bühne zu stehen, um eine Ansprache zu halten, und so weiter. Es gibt aber noch eine situationsgebundene Sprechhemmung, nämlich die Scheu, in ungewohnten sozialen Situationen frei zu sprechen. Davon betroffen ist jeweils die Person, die sich nicht traut, in einer Gruppe den Mund aufzumachen. Einige Fachleute meinen, die situationsgebundene Sprechhemmung sei eine eigene diagnostische Einheit, während andere sie als Symptom einer sozialen Phobie auffassen. Dafür spricht auch eine Untersuchung der einschlägigen Literatur, die Psychiater des National Institute of Mental Health durchführten. Sie zitieren den Fall eines 12-jährigen Mädchens mit situationsgebundener Phobie, der mit anderen ähnlich gelagerten Fällen die Auffassung belegt, dass diese situationsgebundene Sprechhemmung keine diagnostische Einheit, sondern ein Symptom einer sozialen Phobie ist.

Stottern kann eine soziale Phobie verschleiern

Bei Kindern und Erwachsenen ist Stottern ein häufiges Problem. Kanadische Psychiater glauben herausgefunden zu haben, dass viele erwachsene Stotterer in Wirklichkeit an einer sozialen Phobie leiden. Und folgt ein Therapeut den Empfehlungen des Klassifikationssystems psychischer Störungen (DSM-IV), das im Auftrag des Verbands amerikanischer Psychiater erarbeitet wurde, dann werden viele Stotterer falsch behandelt:

Viele erwachsene Stotterer, die sich in Behandlung begeben, leiden in Wirklichkeit unter großen sozialen Ängsten, die auf eine kognitive Verhaltensänderung ansprechen.

Schließt man bei diesen Patienten eine soziale Phobie aus, dann verhindert das DSM-IV, dass die soziale Angst als Ursache der sprachlichen Behinderung erkannt und gezielt kausal behandelt wird. Unbefangene im Denken geübte Leser mögen sich hier die alte Frage stellen: Wer war zuerst – die Henne oder das Ei?

Speichern und Bereitstellen von Informationen: das Gehirn hat seine Helfer

Erst spezialisierte Helferzonen im Gehirn, die das Was, Wo und Wann von Ereignissen in unserem Leben verarbeiten, bewirken, dass Informationen gespeichert und wieder abrufbar werden. Untersuchungen mittels Positronenemissionstomograph in Schweden, bei denen die Durchblutung verschiedener, jeweils stimulierter Zonen im Gehirn gemessen wurde, zeigen, dass jede präfrontale Teilzone zu einem Erinnerungsnetzwerk gehört, das von neuronalen »Korrespondenten«, die auf Inhalt, Ort oder Zeitpunkt eines Ereignisses spezialisiert sind, »Depeschen« empfängt.

Epidemische Hysterie

Fälle von epidemischer Hysterie hat es in der Vergangenheit nicht selten gegeben, sie kommen aber auch heute noch vor. Die Hysterie bricht aus keinem ersichtlichen Grund bei einer Gruppe von Menschen aus. Sie kann die Schüler einer ganzen Schule erfassen, Reisende in einem Bus, das Publikum in einem Rockkonzert. Außer durch Ohnmacht und Halluzinationen äußert sich die Hysterie von

Gruppen durch Erbrechen, Durchfall, Fieber und Dehydratation. Das Phänomen kann Stunden oder sogar Tage dauern. Nachdem Auslöser der Hysterie, die auf der Hand liegen, ausgeschlossen wurden, bleibt vielleicht als Letztes die Massenhysterie. Als Auslöser einer körperlich begründeten Hysterie kommen infrage: Hitzschlag oder Lebensmittelvergiftung, etwa durch Mutterkorn, Gasvergiftung, Allergene, Infektionen mit meist längerer Inkubationszeit.

Bei der epidemischen Hysterie ist der Ablauf so, dass zunächst bei einer Person die Symptome auftreten. Das hysterische Verhalten greift dann in bestimmten Situationen ziemlich rasch auf die ganze Gruppe über. Typisch sind Situationen, in denen Stress und vielleicht moralische Konflikte die Gruppe bedrängen. Im Gegensatz zu anderen Formen der Hysterie wirken bei der epidemischen oder Massenhysterie drei Faktoren zusammen: die Gruppenregression, die Identifikation mit dem hysterischen Vorbild und unterschwellige Konflikte und Fantasien.

Eine brillante Beschreibung von religiös motivierter Gruppenhysterie gibt Aldous Huxley in seinem Buch *Die Teufel von Loudun.*

XXXI

DAS SUIZIDALE GEHIRN – GIBT ES DAS?

Viele Hirnforscher sind überzeugt, dass manche Menschen eine Veranlagung haben, die sie zur Selbsttötung treiben kann. Das bedeutet, dass sie infolge bestimmter biochemischer Prozesse im Gehirn stärker zu Depressionen neigen – die Depression kann eine Vorstufe zum Suizid sein. Unter diesem Aspekt halten zunehmend mehr Wissenschaftler ein »suizidales Gehirn« für gegeben.

Erstmals wurde 1989 in der Fachliteratur berichtet, dass bei klinisch depressiven und suizidalen Personen abnorm niedrige Konzentrationen der Botenstoffe Serotonin und Noradrenalin nachzuweisen sind. Diese Nachweise wurden von verschiedenen Arbeitsgruppen erbracht. Serotoninmangel im Gehirn ist mit gewalttätigen Selbstmordversuchen und mit Aggression gekoppelt.

Zusätzliche, 1991 veröffentlichte Ergebnisse einer Gruppe amerikanischer und israelischer Forscher stützten die Theorie, dass bei suizidalen Persönlichkeiten der Gehirnstoffwechsel in charakteristischer Weise gestört ist. Vergleicht man die Gehirnzellen, welche die Wahrnehmung von Lust und Schmerz steuern, dann zeigen sich auffallende Unterschiede zwischen denen von Selbstmördern und denen von Personen, die eines natürlichen Todes starben.

Die bezeichneten Wissenschaftler untersuchten die Opioid-Rezeptoren von Menschen, denen der Suizid gelungen war. Diese Rezeptoren befinden sich an der Oberfläche bestimmter Gehirnzellen. Sie absorbieren winzige Mengen einer dem Opium ähnlichen Substanz, die im Gehirn gebildet wird und bei Lust- und Schmerzempfindung eine wesentliche Rolle spielt.

Die quantitative Bestimmung der Konzentration der Opioidrezeptoren bei zwölf mutmaßlich depressiven Selbstmördern, die keine Drogen genommen hatten und ansonsten gesund waren, ergab stark veränderte Mengen und Mengenverhältnisse bestimmter Opioid-Rezeptoren verglichen mit den unveränderten Opioid-Rezeptoren bei zwölf Personen, die aus anderen Ursachen gestorben waren.

Die Wissenschaftler wissen zugegebenermaßen wenig über die einzelnen Rezeptoren und darüber, welche Opioide im Gehirn für welchen Rezeptor spezifisch sind. Natürlich sind die bisherigen Erkenntnisse außerordentlich interessant, und es ist durchaus nahe liegend, dass eine Anomalie im Opioid-System besteht. Oft sagen ja Patienten, die sich das Leben nehmen wollen, sie könnten den Schmerz nicht mehr ertragen – damit können physische wie seelische Qualen gemeint sein.

Dr. Anat Biegon, der dem israelischen Forscherteam angehört, erklärt: »Wir wissen, dass depressive Menschen oft unter chronischen Schmerzen leiden. Dies kann auf einen Defekt im Opioid-System hinweisen. Der Knackpunkt bei der Depression ist die Anhedonie, die Freudlosigkeit. Die Opioid-Rezeptoren sind aber die Hauptziele des Belohnungssystems im Gehirn.«

Biegon gesteht außerdem, dass die Kernfrage, was die veränderten Rezeptor-Konzentrationen im Gehirn von Selbstmördern verursacht, noch nicht beantwortet werden kann. Aus Tierversuchen weiß man jedoch inzwischen, dass die Opioid-Rezeptor-Konzentrationen oft zunehmen, wenn ein Mangel an Opioiden eintritt. Zudem können Umwelt- und genetische Faktoren die Rezeptorkonzentrationen direkt beeinflussen. Bisher ist das aber alles eher spekulativ. Dennoch ist Biegon überzeugt, dass Veränderungen im Opioid-System ursächlich an der Depression beteiligt sind oder zumindest zu dem Syndrom beitragen.

Inzwischen wird weiter experimentiert, unter anderem mit markierten Antikörpern gegen Opioidproteine. Ziel dieser Versuche ist es, die Opioidkonzentrationen im Gehirn lebender Depressiver und Nichtdepressiver quantitativ zu bestimmen.

Die Ergebnisse dieser Versuche werden vielleicht ermöglichen zu erkennen, ob und in welchem Maß ein Mensch suizidgefährdet ist.

Bislang hielt man es für unmöglich, eine Veranlagung zum Suizid durch einen Test nachzuweisen, da man glaubte, dafür Proben von Gehirngewebe entnehmen zu müssen. Neuerdings haben jedoch Hirnforscher aus dem US-Bundesstaat Illinois eine einfache Blutuntersuchung entwickelt, mit der die Rezeptorkonzentration in den Blutplättchen gemessen werden kann. Das Messergebnis wird dann auf die Rezeptordichte im Gehirn hochgerechnet.

Im 21. Jahrhundert werden solche Tests hoffentlich bald zum Standard gehören.

Selbstmord – ein Problem der Jahreszeit und des Wetters?

Selbstmord ist jahreszeitenabhängig. Auf der nördlichen wie auf der südlichen Halbkugel nimmt die Zahl der Suizide im Frühling und im Sommer zu und sinkt im Herbst und im Winter. Allerdings gibt es geringe Unterschiede zwischen Nord und Süd insofern, als die Weihnachtsfeiertage – traditionell eine Zeit, in der sich viele Menschen das Leben nehmen – im Süden in den Sommer, im Norden aber in den Winter fallen.

Die Konzentration chemischer Boten, die an der psychischen Reaktion auf verschiedene Arten von Stress beteiligt sind, steigt und sinkt jahreszeitenabhängig. Diese Belastungen werden durch Depression, Arbeitslosigkeit, Einsamkeit und Alkoholismus hervorgerufen.

Schon in den 30er-Jahren des vergangenen Jahrhunderts hat man einen Zusammenhang zwischen Suizid und stürmischem Wetter festgestellt. Eine klassische Studie von C.A. Mills ergab:

1. Es gibt einen deutlichen Einfluss von stürmischem Wetter auf die Verteilung der Selbstmorde und Morde in nordame-

rikanischen Städten. Die Zahlen sind nicht dort am höchsten, wo die Industrialisierung am weitesten fortgeschritten ist, sondern dort, wo der Atmosphärendruck und die Temperatur den häufigsten und massivsten Schwankungen unterliegen.

2. Die Suizide zeigen einen klaren zeitlichen Zusammenhang mit Wetteränderungen, nämlich beim Herannahmen und Abziehen von Hoch- und Tiefdruckgebieten. Bei sinkendem Druck und steigender Temperatur nimmt die Zahl der Selbstmorde rasch zu. Die Häufigkeitsgipfel liegen meist um die Zeit des Wechsels zum Tiefdruck. Bei zunehmendem Atmosphärendruck und sinkenden Temperaturen geschehen weniger Selbstmorde.

Im Zustand tiefster Depression ist die Selbstmordgefahr am geringsten

Natürlich ist die Depression stets ein Alarmzeichen für einen möglichen Suizid. Merkwürdigerweise jedoch ist die Suizidgefahr häufig umso geringer, je tiefer ein Mensch in seiner Depression gefangen ist. Dann ist er nämlich so am Boden zerstört, dass er nicht einmal mehr Hand an sich legen kann.

Auch bei Patienten, die an einer schweren Schizophrenie erkrankt sind, besteht meist dieses so genannte »Defizit-Syndrom«, das heißt, sie sind emotionslos, lethargisch, völlig interesselos und von jeglicher Interaktion mit anderen Menschen abgeschnitten. Eine Untersuchung von 46 schizophrenen Patienten aus dem Jahr 1994 ergab, dass keiner der Patienten mit Defizit-Syndrom Selbstmord beging, dagegen aber zehn Patienten, bei denen diese Symptome fehlten.

Die Ärzte haben längst erkannt, dass sie bei der medikamentösen Therapie die Phase der Depression sehr genau beobachten müssen. Antidepressiva heben bekanntlich die Stimmung der Patienten, das ist ja das Behandlungsziel. Allerdings kann die Wiederkehr der Energie, die damit verbunden ist, die Schranken beseitigen, die den Patienten bis dahin hinderten, den »letzten Schritt« zu tun.

Abschalten des Gehirns durch Blinzeln?

Macht das Gehirns eigentlich nie Urlaub? In gewissem Sinn tut es das wohl. Das Gehirn klinkt sich nämlich jeden Tag viele tausend Mal aus – immer wenn wir etwas sehen. Nachdem das Gehirn visuelle Informationen aufgenommen hat, etwas Geschriebenes, eine Zahl, ein Wort usw., schaltet es augenblinzelnd für wenige hundert Millisekunden ab und ist dann vorübergehend nicht aufnahmefähig. Informationen, die während solchen »Blinzelns« präsentiert werden, kann der Mensch nicht erinnern. In welchem Ausmaß schläft das Gehirn während seiner Arbeit? Wird die Information nicht erinnert oder wird sie gar nicht erst wahrgenommen? Durch spezielle Tests wurde nachgewiesen, dass Informationen sehr wohl vom Gehirn wahrgenommen werden, dass das Gehirn sie aber nicht in seinem Kurzzeitgedächtnis ablegen kann. Immerhin versagt das Gehirn aber nicht auf der ganzen Linie.

Ergotismus

Ergotismus ist die Folge einer Vergiftung mit Mutterkorn, einem winzigen giftigen Pilz. Die Opfer glauben, gleich in

Flammen zu stehen. Sie winden sich in furchtbaren Krämpfen, haben schlimme Bauchschmerzen und Halluzinationen – unter anderem das Gefühl, lebendig verbrannt zu werden. Viele erblinden, werden verrückt oder sterben an der Vergiftung. Manche der Erkrankten haben sich Wunden zugefügt, um dieses brennende Gefühl loszuwerden. Sie sind überzeugt, bald von dem Feuer aufgezehrt zu werden. Eine Heilung ist nicht möglich. Das Gift des Mutterkorns, ein Alkaloid, bewirkt die lebensgefährliche Symptomatik. Mutterkorn kann Weizen und Roggen befallen. Wenn verseuchtes Brotgetreide verbacken wird, treten nach Verzehr des Brotes Vergiftungserscheinungen auf.

Epidemische Vergiftungen mit Mutterkorn sind schon seit dem Mittelalter belegt, sie erfassten ganze Dörfer und Städte und spielten bei Hexenprozessen eine unrühmliche Rolle. Schließlich kannten die Menschen früher nicht die Ursache des Unheils, das über sie kam, und machten Hexen und Dämonen dafür verantwortlich. Die letzte Mutterkorn-Epidemie wurde 1951 in Frankreich dokumentiert. Damals nahmen sich mehrere Menschen das Leben. Eine 68-jährige Frau stürzte sich aus einem Fenster im dritten Stock eines Krankenhauses, um dem vermeintlichen Flammenmeer, das sie bedrängte, zu entgehen.

Noch eine gute Nachricht: Die verschiedenen giftigen Substanzen aus dem Mutterkorn haben auch segensreiche medizinische Wirkungen. Sie werden zur Behandlung von Migräne, bei der Parkinsonkrankheit und als Wehenmittel eingesetzt, um nur einige Anwendungsmöglichkeiten zu nennen.

XXXII

NERVENKITZEL FÜRS GEHIRN

Warum rennen so viele Menschen einem Nervenkitzel hinterher?

Warum überkommt uns diese Gier, uns auf gefährliche Situationen einzulassen? Warum müssen wir unbedingt Bungee springen, Drachen fliegen, bergsteigen, sporttauchen in Gesellschaft von Haien, mit dem Auto oder Motorrad durch die Gegend rasen …?

Die Wissenschaft behauptet, wie die anderen Primaten auch brauchten wir manchmal die Erregung durch Gefahr. In den 1970er-Jahren wurde ein interessantes Experiment mit Affen durchgeführt. Mehrere Tiere wurden in einem Gehege mit vertikalen Kletterstangen gehalten. Die Spitze von einer der Stangen stand unter Strom, sodass die Tiere, wenn sie oben ankamen, immer einen leichten Schlag bekamen. Und ebendiese Kletterstange war am beliebtesten. Bei allen Affen wurde beobachtet, dass sie beim Klettern diese Stange mit Abstand bevorzugten. Wenn nun der Strom abgeschaltet wurde, benutzten die Affen diese Stange immer noch so oft wie zuvor. Der Versuchsleiter Dr. Bernstein schloss daraus, dass die Affen die Aufregung suchten, selbst wenn sie dafür mit Schmerzen bezahlen mussten. Sie suchten die Erregung durch Gefahr.

Der Physiologe Dr. Walter Cannon war einer der Pioniere, die in den zwanziger Jahren des vergangenen Jahrhunderts über Erregungsabläufe im Menschen forschten. Er formulierte die seither bekannte Regel, dass der Mensch angesichts von Bedrohung oder Gefahr mit »Kampf oder Flucht« reagiert.

Wie später erkannt wurde, kann Erregung aber auch allein durch Gefühlsbewegungen und ohne physische Bedrohung hervorgerufen werden. Ein Beispiel dafür ist sexuelle Erregung. Emotionen lösen sexuelle Erregung aus, die ihrerseits den Körper für sexuelle Aktivität bereit macht.

Die Symptome von Erregung sind erhöhte Wachsamkeit, beschleunigte Herzfrequenz, vertiefte Atmung, vermehrte Schweißabsonderung, Mundtrockenheit und so weiter. Diese Symptome werden vom vegetativen (= autonomen) Nervensystem kontrolliert, das mit der *Formatio reticularis* zusammenarbeitet. Letztere ist eine Ansammlung von Nervengewebe oberhalb des verlängerten Rückenmarks, die vegetative Funktionen reguliert, Bewegungen koordiniert und Informationen an die Großhirnrinde liefert. Die Formatio reticularis funktioniert wie ein Türsteher und lässt nur ausgewählte Reize passieren. Wenn ein Reiz unwichtig ist, bewirkt die Formatio reticularis, dass die Hirnrinde ihn ignoriert.

Doch was veranlasst uns, die Erregung durch Gefahr zu suchen? Offenbar sind wir Lebewesen, die sich von Natur aus in Gefahr begeben müssen. Sigmund Freud glaubte, der Mensch suche die Ruhe. Es spricht aber viel dafür, dass wir nach allen Arten von Erregung, auch den gefährlichen, gieren.

Der Psychologe Michael Apter behauptet in seinem Buch *The Dangerous Edge: The Psychology of Excitement* (Am Rande der Gefahr: Die Psychologie der Erregung), dass die Hinwendung zur Gefahr nicht nur für das Individuum lustvoll, sondern auch für die Evolution notwendig ist. Hätten in grauer Vorzeit nicht wenigstens *einige* Angehörige unserer Spezies versucht, auch um den Preis großer Gefahren Besitz zu erwerben, dann würden wir heute noch in Höhlen hausen. Vielleicht hatte ein Mensch der Urzeit nur die Wahl, einem Löwen oder anderen wilden Tier seine Nahrung streitig zu machen oder zu verhungern. Obwohl zweifellos viele Individuen untergingen, gab es genügend risikofreudige, die es schafften und Glück hatten, sodass die Spezies gedieh. Apter glaubt, dass der Impuls im Gehirn, etwas zu wagen, der kleine zusätzliche Reiz ist, der uns an den Abgrund treibt, um den Sprung zu wagen. Während Hunderten von Generationen hat sich die Lust am Erfolg entwickelt und dadurch ist das Aufsuchen der Gefahr zu einem Ziel an sich geworden.

Und was bremst unsere Lust an der Gefahr?

Apter behauptet, der Mensch besitze einen eingebauten Mechanismus, der das Aufsuchen der Gefahr reguliert. Wir haben sozusagen einen »schützenden Rahmen«, der zwischen drei Verhaltensoptionen einen Ausgleich schafft. Zu jedem gegebenen Zeitpunkt leben wir in einer von drei Zonen:

1. In der Sicherheitszone befinden wir uns außerhalb körperlicher Gefahr und erleben keine Erregung. Zum Beispiel, wenn wir in einem bequemen Sessel im Wohnzimmer sitzen.
2. In der Gefahrenzone sind wir physisch bedroht und erleben die Erregung, mit der Katastrophe zu liebäugeln. Zum Beispiel, wenn wir mit wahnsinniger Geschwindigkeit über die Autobahn brettern.
3. In der Traumazone geraten wir in die Katastrophe, indem wir aus der Gefahrenzone herausfallen. Wer mit hoher Geschwindigkeit Auto fährt, kann einen Unfall mit Verletzungen oder sogar Todesfolgen verursachen.

Die meisten Menschen leben gewöhnlich in der Sicherheitszone. Wir genießen aber auch die Gefahrenzone, selbst wenn wir dabei gelegentlich in die Traumazone geraten – so wie die Affen immer noch gern auf die elektrisch geladene Stange kletterten, auch nachdem sie bereits einen Schlag bekommen hatten.

Nach Ansicht von Apter entscheiden wir mithilfe unseres schützenden Rahmens, der Gefahrenzone und Traumazone voneinander trennt, wie lange wir uns in der Gefahrenzone aufhalten. Ohne den schützenden Rahmen hätten wir einfach nur Angst – Angst vor dem Trauma, das uns in der nächsten Zone erwartet und das wir vermeiden würden.

Bei geistesgestörten Individuen dagegen funktioniert der schützende Rahmen oft unzureichend. Apter beharrt aber auf seiner Ansicht, dass der schützende Rahmen uns ermöglicht, die Erregung bis an den Rand des Traumas zu genießen. Er nennt dies die »Gratwanderung am Rande der Gefahr«.

Der schützende Rahmen entsteht aus dem eigenen Selbstvertrauen, der Erreichbarkeit fremder Hilfe, dem Vorhandensein von Hilfsmöglichkeiten und dergleichen. Dies hat zur Folge, dass ein Mensch der Grenze zum Trauma sehr nahe kommen kann, ohne wirklich traumatisiert zu werden.

Wenn es also gefährlich wird und die Gefahr erwünscht ist, wirkt der schützende Rahmen wie ein Kondom für die Seele.

Kann unser Gehirn eine unsichtbare Datenrennbahn benutzen?

Der Mediziner und Psychotherapeut Carl Gustav Jung glaubte, alle Menschen teilten ein kollektives Unbewusstes. Diese Vorstellung dürfte der Wahrheit sehr nahe kommen. Zumindest theoretisch spricht manches dafür, dass alle menschlichen Gehirne miteinander kommunizieren könnten. Wegen der elektromagnetischen Natur des menschlichen Gehirns dürfte die Kommunikation etwa wie ein Radio funktionieren, und zwar innerhalb eines relativ begrenzten Frequenzbereichs von 0,1 Hertz. Kommentar des Neurologen Dr. M.A. Persinger: »In den letzten zwanzig Jahren tauchte ein Potenzial auf, das unglaubhaft schien, nun aber in den Bereich des Möglichen rückt. Bei diesem Potenzial handelt es sich um die technische Möglichkeit, die Mehrzahl der annähernd sechs Milliarden menschlichen Gehirne unmittelbar zu beeinflussen.«

Sind sportliche Höchstleistungen vom Gehirn abhängig?

Vielleicht ist Köpfchen doch wichtiger als Muckis? Es gibt Hinweise, dass manche Spitzensportler anderen weit überlegen sind, weil ihr Gehirn schnellere Reflexe erzeugen kann.

Als Beispiel zitiert der Neurologe Harold Klawans aus Chicago den kanadischen Eishockeyspieler Wayne Gretsky, der die schnellsten Reflexe hat, die je ein Neurologe registrierte. Bei Gretsky funktionieren die Reflexbögen rasant, das heißt, die Verschaltung der Nervenzellen, über die Muskelbewegungen ausgelöst werden, ist optimal. Deswegen kann Gretsky blitzschnell einen Puck vom gegnerischen Spieler abfangen und besser am Torwart vorbeischießen als irgendein Profispieler vor ihm und heute.

XXXIII

ZEITVERSCHIEBUNGEN IM GEHIRN

Kann die Veränderung unserer Zeitwahrnehmung dazu beitragen, psychiatrische Erkrankungen zu diagnostizieren und zu behandeln?

Manche Verhaltenswissenschaftler halten dies für möglich.

Und damit kommen wir zu der Forschungsarbeit verschiedener Arbeitsgruppen weltweit. Manche erforschen das Verhalten von Kranken oder Gesunden in Isolierkammern unter Entzug aller Informationen über die Tageszeit oder unter falschen Zeitgebern. Unter diesen Bedingungen werden dann verschiedene physiologische Parameter gemessen.

Mit Isolierkammern wird beispielsweise an der Universität von Pennsylvania in Philadelphia gearbeitet. Eine typische Isolierkammer gleicht auf den ersten Blick einem frisch renovierten Hotelzimmer der Mittelklasse einschließlich modernem Bad. Bei genauerem Hinsehen erkennt man freilich größere Unterschiede. Es fehlen Fenster. Stattdessen befinden sich Lichtplatten in der Decke und die Kammer ist durch zwei sehr dicke Türen von der Außenwelt getrennt.

In der Isolierkammer können die Forscher Stunden und Tage künstlich verlängern oder verkürzen. Durch Manipulation von Zeitgebern wie Licht, Wecker, Temperatur und anderen Faktoren können die Wissenschaftler die Zeitwahrnehmung der Probanden verändern. Untersucht werden die Wirkungen von Schichtarbeit, Jetlag und Schlafentzug auf leibliche und seelische Funktionen und die Wirkung veränderter Zeitgeber auf psychiatrische Erkrankungen wie Angststörungen, Schizophrenie, Depressionen und Schlafstörungen.

Zu diesem Zweck werden Videokameras, Computer und medizinische Messgeräte eingesetzt. Die Probanden leben in der Isolierkammer tatsächlich von der Außenwelt abgetrennt – nicht nur ohne Fenster, sondern auch ohne Telefon, Radio, Fernseher; nichts ist vorhanden, was sie über die Tageszeit informieren könnte. Also sind auch Geräusche ausgeblendet, die über die Tageszeit Auskunft geben könnten. Auch signalisiert kein Duft von Kaffee oder Tee, dass es Zeit fürs Frühstück ist. Die Isolierkammer ist also im wahrsten Sinn des Wortes zeitlos.

Die Chronobiologie erforscht den Einfluss der Zeit auf das Verhalten und die Gesundheit und hat in den vergangenen zehn Jahren zunehmende Bedeutung bekommen. Die natürlichen biologischen Rhythmen beeinflussen den Menschen auf vielfältige Weisen, über die wir uns nicht immer klar sind. Zunehmend wächst auch die Erkenntnis, dass viele psychiatrische Erkrankungen, etwa manisch-depressive Psychose und Schizophrenie, mit Brüchen in den natürlichen Rhythmen zusammenhängen. In der klinischen Forschung vermutet man, die Patienten, bei denen das System gestört ist, behandeln zu können, indem man den zirkadianen Rhythmus (das ist der Tag-Nacht-Rhythmus von circa 24 Stunden) in der Isolierkammer verändert. Und zwar wird der Kranke mit der realen Welt »resynchronisiert«.

Außer den zirkadianen Rhythmen werden an der Universität von Pennsylvania auch Mondzyklen und Jahreszyklen erforscht. Der Wechsel der Jahreszeiten und die etwaigen Einflüsse der Anziehungskraft des Mondes auf die Gesundheit und das Verhalten bilden dabei die Schwerpunkte.

Dieses Forschungsgebiet ist besonders aktuell, da wir uns im postindustriellen Zeitalter mit großer Geschwindigkeit auf eine 24-Stunden-Gesellschaft zubewegen. Während bis vor einigen Jahrzehnten die meisten menschlichen Aktivitäten nachts ruhten, arbeiten heute viele Unternehmen, Fabriken und Geschäfte, ja sogar die Börsen, weltweit rund um die Uhr. Wie werden sich diese Veränderungen im Laufe der Zeit auf den menschlichen Körper auswirken?

Bereits heute verrichtet schätzungsweise ein Viertel aller Werktätigen in den Industrienationen gelegentlich Nachtschichtarbeit. In den nächsten Jahren soll diese Zahl auf ein Drittel ansteigen. Weil es für die meisten Industriebetriebe billiger ist, ihre Anlagen rund um die Uhr zu fahren, wird die 24-Stunden-Gesellschaft nicht aufzuhalten sein – in Wirklichkeit haben wir sie ja schon –, aber die biologischen Grenzen des Menschen müssen dabei berücksichtigt werden.

Untersuchungen an Schichtarbeitern haben gezeigt, dass diese zu kurz rotierte Schichten schlecht verkraften. Oft wiederholte Phasenverschiebungen und ein Leben unter verschiedenen Zeitgebern, die nicht miteinander im Einklang sind, machen auf die Dauer krank. Die Schichtzeiten sollten wochenweise rotiert werden. Obwohl seit über dreißig Jahren zunehmend über dieses spannende Gebiet – auch in Deutschland – geforscht wird, sind nach wie vor viele Fragen offen. Wichtig wäre auch, eine Art Screening durchzuführen, durch das Firmen Mitarbeiter aussieben könnten, die während Nachtschichten am stärksten unfallgefährdet sind, z.B. Piloten oder Facharbeiter in Kernkraftwerken und Ärzte im Nachtdienst.

Seit geraumer Zeit spielt in der Medizin die Chronopharmakologie eine Rolle. Sie berücksichtigt bei der medikamentösen Behandlung die Zeiten minimaler und maximaler Aktivität von Organen und kann dadurch eine eher maßgeschneiderte Dosierung der Medikamente erreichen. Dieses Prinzip (Organuhr) wird übrigens in der traditionellen chinesischen Medizin seit jeher angewandt!

Während die Forscher aus Pittsburgh sehr optimistisch in die Zukunft blicken, gibt es auch skeptische Stimmen, so z.B. Dr. Ron Grunstein in Sydney. Der Spezialist für Schlafstörungen findet zwar, dass die Isolierkammer ein interessantes Mittel für die Forschung darstellt, aber er bezweifelt, dass man mithilfe einer vielleicht auch partiellen Resynchronisation zirkadianer Rhythmen eine Schizophrenie heilen kann. Um dies zu klären, bedarf es sicher noch sehr umfassender Versuche.

Kann der Mensch unter Betäubung lernen?

Es spricht viel dafür, dass die Wahrnehmung und eine gewisse Form des Lernens selbst dann möglich sind, wenn der Mensch klinisch bewusstlos ist. Bedeutet das vielleicht, dass der Lernprozess nicht zwingend Bewusstsein voraussetzt? Kann das Gehirn des Menschen ein Problem »überschlafen«? Dazu Dr. Jackie Andrade, Psychologin an der Universität Sheffield:

»Ein Patient, der in Vollnarkose operiert wird, kann vernünftigerweise erwarten, dass er sich nach dem Eingriff an nichts erinnern wird, was während der Operation geschah.« Zwar wurde über Fälle direkter Erinnerung an das Operationsgeschehen berichtet, doch sind diese sehr selten und fast immer auf fehlerhafte Narkosetechnik oder Versagen von Narkoseapparaten zurückzuführen.

Allerdings wurde 1965 eine Studie von Levinson veröffentlicht, die auf die Möglichkeit hinwies, dass der Informationsprozess *trotz* kunstgerechter Narkose nicht unterbrochen wird. Im Rahmen der Studie wurde zehn Patienten, die sich einem kieferchirurgischen Eingriff unterziehen mussten, ein Zwischenfall vorgetäuscht, indem der Anästhesist ausrief: »Bitte unterbrechen Sie den Eingriff, die Gesichtsfarbe des Patienten gefällt mir nicht, seine Lippen werden blau. Ich geb ihm erst mal Sauerstoff.« Die Patienten konnten sich anschließend nicht an die »Krise« erinnern. Bei einem erneuten Eingriff einen Monat später wurde das gleiche Täuschungsmanöver wiederholt, dieses Mal unter Hypnose. Danach konnten vier der Patienten wörtlich und weitere vier teilweise wiederholen, was der Anästhesist gesagt hatte.

Neurodegenerative Erkrankungen durch erbliche Belastung

Manchmal geben künftige Eltern ihrem Nachwuchs ein tragisches Erbe mit, durch das sie an einer so genannten Gangliosidose erkranken, einer krankhaften Speicherung spezieller Fettkörper im Gehirn und in anderen Organen infolge eines Enzymmangels. Die betroffenen Kinder erkranken je nach Typ der Gangliosidose zwischen dem ersten und achten Lebensjahr und sterben bald. Eine Heilung ist nicht möglich.

XXXIV

DAS TRAUMATISIERTE GEHIRN

Schon einmaliger überwältigender Schrecken, das wissen wir heute, kann die Biochemie des Gehirns verändern. Ein solcher Schrecken kann einen Menschen empfindlicher auf Adrenalin-Ausschüttungen reagieren lassen, und das kann verheerende Wirkungen haben, die mitunter Jahrzehnte anhalten.

Wissenschaftler haben seit einiger Zeit beobachtet, dass die Empfindlichkeit gegen Adrenalin-Ausschüttungen einen wichtigen Faktor bei der posttraumatischen Belastungsstörung darstellt. Ein Mensch mit einer posttraumatischen Belastungsstörung erlebt normale Ereignisse als Wiederholungen seines ursprünglichen Traumas. Unter posttraumatischen Belastungsstörungen leiden Überlebende von Katastrophen, Kriegsveteranen, Verbrechensopfer und Millionen anderer Opfer auf der ganzen Welt.

Es gibt inzwischen Beweise für eine biologische Basis posttraumatischer Belastungsstörungen. Die betreffenden Veränderungen finden in spezifischen Regionen des Gehirns statt. Manche Wissenschaftler glauben, diese neuen Erkenntnisse könnten den Beginn einer Entwicklung von Medikamenten darstellen, mit denen sich die biologischen Veränderungen der Belastungsstörung mildern lassen.

Einer dieser Wissenschaftler, Dr. Dennis Charney von der Yale-Universität, meint: »Opfer eines furchtbaren Traumas sind vielleicht nie wieder biologisch dieselben Personen. Es spielt keine Rolle, ob es der unaufhörliche Schrecken des Krieges, der Folter oder wiederholten Missbrauchs in der Kindheit war oder eine einmalige Erfahrung, z.B. in einen Hurrikan zu geraten oder fast bei einem Autounfall zu Tode zu kommen. Jeder unkontrollierbare Stress kann die gleichen biologischen Folgen haben.«

Charney fügt hinzu, dass die Veränderungen im Gehirn normalerweise entstehen, wenn Menschen katastrophalen Stress erleben. Solcher Stress müsste eine überwältigende Bedrohung des Lebens oder der Sicherheit beinhalten und der eigenen Kontrolle entzogen sein. Interessanterweise scheinen weniger schwere Belastungen, etwa durch finanzielle Sorgen oder auch den natürlichen Tod eines geliebten Angehörigen, diese biologischen Veränderungen nicht auszulösen.

Im Allgemeinen wird eine posttraumatische Belastungsstörung umso wahrscheinlicher auftreten, je intensiver das Trauma war und je länger es dauerte.

Die Forschung rätselt aber immer noch, warum manche Leute, die eine Katastrophe überlebt haben, die Symptome einer posttraumatischen Belastungsstörung entwickeln, und andere nicht, obwohl sie das Gleiche erlebt haben. Ein weiteres Rätsel ist, warum die Symptomatik bei manchen Leuten vierzig Jahre und länger andauern kann, bei anderen hingegen spontan oder im Laufe einer Therapie verschwindet.

Die Hinweise auf biologische Veränderungen mehren sich in den letzten 15 Jahren. Charney zitiert Laborversuche mit Tieren unter Stress. Ungeachtet ethischer Bedenken werden solche Versuche oft mit Elektroschocks durchgeführt, denen die Tiere nicht entrinnen können – während die Gehirnaktivität gemessen wird.

Die beobachteten wesentlichen Veränderungen betrafen Art und Menge der Substanzen, die das Gehirn normalerweise unter Stress erzeugt. Die Veränderungen geschehen gleich dreifach. Erstens verändert sich der Locus cæruleus, ein Zentrum noradrenerger Systeme im zentralen Nervensystem. Diese Struktur wird in gewissem Sinn »hyperaktiv« und produziert auch in wenig oder überhaupt nicht bedrohlichen Situationen im Übermaß biogene Amine, die normalerweise für Notfallreaktionen benötigt werden.

Zweitens erfolgt eine Veränderung in Form einer Zunahme der Sekretion von Corticotropin-Freisetzungsfaktor. Auch diese Substanz mobilisiert den Körper für Notfälle und wird durch den Schaltkreis Hypophyse–Hypothalamus gesteuert. Wiederum werden enorme Mengen für Notfälle bereitgestellt, die bei der posttraumatischen Belastungsstörung eigentlich entbehrlich sind.

Drittens wird auch das Opioid-System hyperaktiv. Dadurch können Schmerzen gemindert werden. Allerdings kann diese Überaktivität des Opioid-Systems für die »emotionale Abstumpfung« verantwortlich sein, über die beim posttraumatischen Belastungssyndrom so oft berichtet wird. Diese emotionale Abstumpfung bedeutet merkwürdigerweise, dass bei den Betroffenen die Fähigkeit blockiert ist, liebevolle Gefühle zu erleben. Auch darüber klagen viele Betroffene.

Derartige Erkenntnisse können denen, die an einer posttraumatischen Belastungsstörung leiden, eines Tages vielleicht Erleichterung bringen. Wenn man das Gehirn als Basis der posttraumatischen Belastungsstörung ansieht, könnte das nämlich dazu beitragen, ein Medikament zu entwickeln, das diese Veränderungen rückgängig macht.

Opfer wird man nicht plötzlich zu einem bestimmten Zeitpunkt. Opfer sein ist ein fortschreitender Prozess, der Monate und sogar Jahre nach einer Katastrophe anhalten kann.

Offenbar sind es nicht nur die unmittelbaren Überlebenden einer Katastrophe, die psychische Schäden erleiden.

Oft haben Menschen, die gerade noch mit dem Leben davongekommen sind, körperliche Verletzungen erlitten, wie z.B. Verbrennungen, Knochenbrüche, Blutungen und Schock. Meist verursachen derartige Verletzungen später psychische Probleme, vor allem wenn eine Entstellung oder ständige Schmerzen die Folgen sind.

Direkte Überlebende erfahren oft schwere psychische Traumen mit vielen bleibenden und tiefen psychischen Störungen, selbst wenn sie keinerlei körperliche Verletzungen erlitten haben. Bei direkten Überlebenden werden häufig Hysterie, Angst, Zorn, Depression und Schuldgefühle beobachtet. In der Tat geht die Erforschung dieser Reaktion mindestens bis ins Jahr

1944 zurück mit der klassischen Lindemann-Studie über die Überlebenden des furchtbaren Feuers im Coconut-Grove-Nachtklub in Boston, Massachusetts, in dem 491 Menschen 1942 den Tod fanden.

Nichtsdestoweniger können auch Menschen im Umfeld eines Unglücks ein schweres psychisches Trauma erleiden. Auch die hinterbliebenen Angehörigen und Freunde tödlich Verunglückter sind Opfer, wie neuere Untersuchungen bestätigen.

Bei diesem Personenkreis ist die seelische Gesundheit umso stärker gefährdet, je plötzlicher das Unheil über sie hereinbricht. Dies gilt besonders für Flugzeugabstürze. Menschen, die mit einem Flugzeugunglück konfrontiert werden, sind besonders verletzlich, weil das Ereignis so unvermittelt und mit Gewalt eintritt. Ein unerwarteter Tod belastet akut stärker und schlimmer als ein Todesfall, mit dem man gerechnet hat. Die Plötzlichkeit des Todes bei einem Flugzeugunglück steigert die Gefahr psychischer Schäden bei den Angehörigen und Freunden eines Todesopfers ganz erheblich.

Hinzu kommt, dass die Nachricht vom Tod eines nahe stehenden Menschen oft schroff, unpersönlich und schonungslos vermittelt wird – was noch tiefere seelische Wunden schlägt. Oft erfahren die besorgten Angehörigen die Nachricht vom Tode am Telefon, wenn sie sich im Katastrophenfall nach ihrem Verwandten erkundigen. Häufig finden sich Angehörige und Freunde am Unglücksort ein, weil sie wissen wollen, was geschehen ist, und sind dadurch dem Stress und den Trauerreaktionen schutzlos ausgeliefert.

Außerdem verschlimmert der oft makabre Zeitpunkt von Katastrophen das Trauma der Überlebenden, etwa wenn die Menschen in Urlaubsstimmung sind und ihr Flugzeug abstürzt und innerhalb von Sekunden jegliche freudige Erwartung zerstört ist. Kurz vor Weihnachten 1985 stürzte ein Charterflugzeug der U.S. Army bei Gander über Neufundland ab und riss die 256 Menschen an Bord in den Tod. Die Angehörigen der Verunglückten erhielten die schreckliche Nachricht in einer riesigen, bunt geschmückten Halle, wo sich Erwachsene und fröhliche Kinder versammelt hatten, um das Wiedersehen festlich zu begehen. Dieser Umstand hatte zur Folge, dass die fassungslosen Hinterbliebenen einen besonders heftigen Schock erlitten, der bei den nächsten Angehörigen bis heute anhält.

Seit mehreren Jahren wird auch erforscht, wie die Helfer solche Katastrophen verarbeiten. Es hat sich herausgestellt, dass die unmittelbar Beteiligten – also Feuerwehrmänner, Polizisten, Sanitäter, Ärzte, Krankenschwestern und Mitarbeiter von Bestattungsdiensten – seelisch enorm belastet werden. Sie werden mit furchtbaren Reizen nur so überschwemmt – mit grauenhaften optischen Eindrücken, Geräuschen und Gerüchen, die sie oft ihr Leben lang nicht vergessen können. Diese Eindrücke werden vertieft, wenn die Helfer sich selbst in den Opfern sehen und sich mit ihnen identifizieren und wenn sie bis zur totalen Erschöpfung im Einsatz sind (was ja bei Katastrophen meist der Fall ist).

Die Opfer von Flugzeugabstürzen sind oft furchtbar verstümmelt und die Leichenteile über ein großes Gebiet verstreut. Bei dem Absturz über Neufundland waren z.B. von den 256 Toten nur drei einigermaßen unversehrt, sodass ihre Angehörigen sie direkt identifizieren konnten, doch viele Teile von Getöteten wurde nie gefunden. Diese Umstände verzögern die Erholung der Katastrophenhelfer und verlängern ihre Identifikation mit den Opfern, sodass sie den traumatisierenden Reizen länger ausgesetzt sind.

Die Helfer, die den Überlebenden und ihren Angehörigen nach der Erstversorgung beistehen, sind ebenfalls psychisch gefährdet. Zum Beispiel litten viele Betreuer, die sich nach einem Zugunglück 1977 bei Sydney längere Zeit um die Angehörigen der Getöteten kümmerten, unter Depressionen, Gefühlen der Hilflosigkeit und Orientierungsstörungen.

Nach den Buschbränden, die am Aschermittwoch 1983 in Adelaide gewütet hatten, beobachtete man, dass die intensive und enge Beziehung zwischen Helfern und Opfern Schlafstörungen, Erschöpfung und sogar Muskelverspannungen verschlimmerte. Dies geschah vor allem bei denen, die emotionale Hilfe leisteten und die Opfer berieten.

Auch bei dem Flugzeugabsturz, der sich 1985 zwischen Dallas und Forth Worth in Texas ereignete, zeigten die Personen der Rettungsdienste, die in erster Linie Familien von Opfern betreuten, mehr Symptome als jede andere Gruppe.

Laut Dr. B. Raphael, Autor des Buches *When Disaster Strikes* (Wenn das Unglück zuschlägt), gibt es im Wesentlichen drei Stressursachen bei den Mitarbeitern von Rettungsdiensten:

1. die unmittelbare Begegnung mit dem Tod, die den Helfer an die eigene Vergänglichkeit erinnert;
2. das Mitempfinden der Qualen der Opfer und ihrer Angehörigen, das oft zu einer engen empathischen Identifizierung führt;
3. die Zwiespältigkeit der eigenen Rolle und der Rollenkonflikt.

Seelisch gefährdet bei Katastrophen sind auch die Leiter von Einsatzgruppen, Gemeindevorsteher und nach Flugzeugabstürzen das Personal der Fluggesellschaft und des Flughafens.

Auch dafür gibt es viele Beispiele. Nach einem Unglück, bei dem mehr als 200 Menschen starben, musste ein Angestellter der Fluggesellschaft durch eine zur Leichenhalle umfunktionierte Halle gehen, um an das einzige verfügbare Telefon zu gelangen. Der Anblick der verstümmelten, zerfetzten Frauen und Kinder war so grauenhaft, dass er sich anschließend einer Psychotherapie unterziehen musste.

Ein Schalterbediensteter kann die Gesichter einer Mutter und ihrer beiden kleinen Kinder nicht vergessen, denen er in letzter Minute noch Plätze an Bord verschaffen konnte – in einer Maschine, die dann abstürzte und alle 275 Passagiere in den Tod riss.

Merkwürdigerweise sind nicht einmal die Verhaltensforscher, die Katastrophen untersuchen, gegen seelische Traumata gefeit.

Eine weitere Form seelischer Traumatisierung erleidet das Gehirn von Menschen, die lange Zeit unschuldig in Gefangenschaft sind – etwa als politische Gefangene oder als Kriegsgefangene.

Tatsächlich kann man sich kaum eine Freiheitsberaubung vorstellen, die eine menschliche Psyche stärker erschüttert als Kriegsgefangenschaft. Auch bei relativ kurzer Kriegsgefangenschaft sind die Folgeschäden massiv und von Dauer. Unter den amerikanischen Soldaten, die während des Koreakriegs in Gefangenschaft gerieten, litten noch 35 Jahre nach ihrer Freilassung neun von zehn an einer posttraumatischen Belastungsstörung und weiteren Störungen der psychischen Gesundheit.

Derzeit werden die Teilnehmer am Golfkrieg untersucht.

Die Zahl der überlebenden amerikanischen Kriegsgefangenen, die Anfang der 1950er-Jahre von Nordkorea freigelassen wurden, betrug 3 200. Während der Gefangenschaft mussten diese Männer brutale Lebensbedingungen ertragen, wahllose Hinrichtungen, Folter, Gewaltmärsche, monatelange Einzelhaft, Hunger und immer wieder Verhöre durch den Feind.

Bei einer Studie, die an 22 von diesen ehemaligen Kriegsgefangenen viele Jahre nach ihrer Freilassung von Wissenschaftlern in New Orleans durchgeführt wurde, ergab sich, dass derart schwere, lange dauernde Belastungen bei fast allen Untersuchten unabhängig von ihrem ursprünglichen seelischen Gesundheitszustand sehr hartnäckige psychiatrische Störungen ausgelöst hatten.

Die bleibenden Symptome einer posttraumatischen Belastungsstörung und andere psychische Probleme der Kriegsgefangenen äußerten sich mit immer wiederkehrenden Erinnerungen an die Traumata des Krieges und mit Albträumen, mit emotionaler Ablösung von Angehörigen, extremem Misstrauen gegenüber anderen, Konzentrationsschwierigkeiten, Angststörungen und Panikattacken sowie mit schweren Depressionen.

Die Erfahrung der Gefangenschaft macht viele ehemalige Kriegsgefangene lebensuntüchtig. Ebenso ironisch wie tragisch ist es, dass viele ihre wieder gewonnene Freiheit um der eigenen Sicherheit willen erneut aufgeben mussten – sie lebten fortan in psychiatrischen Einrichtungen.

Obwohl die ehemaligen Gefangenen des Koreakriegs, die in New Orleans untersucht wurden, im Durchschnitt nur 28 Monate in Gefangenschaft verbracht hatten, waren die seelischen Wunden bei den meisten von ihnen massiv.

Dagegen scheinen Gefangene des Vietnamkriegs, die angeblich 20 bis 30 Jahre in Gefangenschaft waren, eine viel schlimmere Situation überlebt zu haben. In welchem Umfang sie seelische Wunden davontrugen und wie gut die Aussichten sind, dass sie sich davon erholen, lässt sich nur mutmaßen, da es keine Studien über Menschen gibt, die so lange in Gefangenschaft waren.

Allerdings weisen mehrere Faktoren darauf hin, dass diese Gefangenen viel stärker gefährdet sind, bleibende psychische Schäden zu erleiden, als die Männer, die eine kürzere Gefangenschaft ertragen oder eine 20- bis 30-jährige Haftstrafe in einem Gefängnis in ihrer Heimat absitzen mussten.

Soldaten werden ausgebildet, um zu kämpfen, und nicht, um sich gefangen nehmen zu lassen. Folglich steht ein Kriegsgefangener plötzlich ohne Verhaltenskodex da. Nach annähernd hundert Jahren Verhaltensforschung wissen wir, dass umso mehr Stress auf dem Individuum lastet, je länger er einer Periode der »Normenlosigkeit« ausgesetzt ist. Wird es widerstehen und dafür den Tod in Kauf nehmen? Wird es kollaborieren, um zu überleben – auch um den Preis der Feigheit? Wie verkraftet es ein Mensch, ständig vom Tod bedroht zu sein? Wie erträgt er, rechtlos zu sein, ohne sinnvolle Aufgabe, ohne Angehörige, ohne Heimat, ohne Kommunikationsmöglichkeit und ohne Hoffnung?

Die Gefangenen des Vietnamkriegs haben eine beispiellos lange Zeit in höchster Gefahr ertragen.

Die Verhaltensforscher lehren uns auch, dass man einen Menschen, dessen Geist und Seele man zerstören will, bloß von seinen Gefährten trennen muss. Der Mensch ist ein soziales Wesen. Die schlimmste nichtphysische Form der Folter besteht darin, einem Menschen jegliche sozialen Bedürfnisse zu verweigern, ihn von seinesgleichen zu trennen. Schmerzen können wir ertragen, nicht aber die totale Einsamkeit. Deswegen fürchten schon gewöhnliche Strafgefangene die Einzelhaft. Völlige Isolation eines Menschen kann wie eine Gehirnwäsche wirken oder ihn in den Wahnsinn treiben. Literarische Zeugnisse dafür finden sich in Arthur Köstlers *Darkness at Noon* (1941) und auch in Alexander Solschenyzins *Ein Tag im Leben des Iwan Denissowitsch* (1962). Auf der anderen Seite steht das Buch *Three Came Home* (Drei kehrten heim) von Agnes Newton Keith mit der Botschaft, dass Menschen trotz der physischen Schrecken ein japanisches Kriegsgefangenenlager ertrugen, weil sie das Entsetzen mit anderen teilten.

In langer Gefangenschaft ohne eine Aussicht, ob und wann sie enden wird, verliert der Mensch jede normale Perspektive. Schwere Zwangsarbeit, schlechte Unterkünfte, miserables Essen, fremde Umgebung und fehlendes Zeitgefühl zermürben den Gefangenen – und innerhalb von 20 oder 30 Jahren wird er zum Wrack.

Der Weg der ehemaligen Kriegsgefangenen von Vietnam in die Normalität ist mühselig und endlos lang.

Erschöpfung durch Empathie

Die Untersuchung traumatischer Belastungen zielt gewöhnlich auf die posttraumatische Belastungsstörung, an der Individuen nach einem Schockerlebnis leiden. Eine sekundäre posttraumatische Belastungsstörung kann bei Personen auftreten, die überlebende Opfer von Katastrophen betreuen. Meist handelt es sich um Mitarbeiter des Katastrophenschutzes, Feuerwehrmänner, polizeiliche Rettungskräfte, Sanitäter vom Roten Kreuz, Ärzte, Krankenschwestern, Ambulanzpersonal, Fachleute für Krisenintervention und so weiter. Ihnen allen droht, wenn sie sich bis an die Grenzen ihrer Belastbarkeit verausgaben, eine Erschöpfung durch Empathie.

Rückenmarksverletzte haben eine bessere Prognose

Das Rückenmark leitet Informationen vom Gehirn in alle anderen Teile des Körpers. Eine Schädigung des Rückenmarks, beispielsweise durch einen Verkehrsunfall oder eine Verletzung beim Sport, kann eine Lähmung und einen Zusammenbruch vieler Körperfunktionen verursachen. Viele Opfer von Rückenmarksverletzungen bekommen schwere Harnwegsinfektionen, Schwierigkeiten mit der Atmung, Lungenentzündung und so weiter. Lange Zeit hatten diese Patienten eine schlechte Prognose. Heute haben etwa 90 Prozent der jüngeren Menschen, die mit einer Rückenmarksverletzung in eine Klinik eingewiesen werden, nicht nur gute Aussichten, bald entlassen zu werden, sondern ihre Lebenserwartung ist inzwischen höher als 60 Jahre.

Der Grund für die bessere Prognose Rückenmarksverletzter ist der, dass die Ärzte heute sofort nach dem Unfall gezielt Medikamente verabreichen. Wenn ein Verletzter z.B. innerhalb von acht Stunden mit Methylprednisolon (einem Steroid) behandelt wird, ist seine Chance, dass die Körperfunktionen wiederhergestellt werden, dreimal größer als ohne das Steroid.

Derzeit arbeiten die Neurophysiologen daran, beschädigte Nervenzellen zu reparieren und neues Wachstum von Nervenzellen anzuregen. In Versuchen an Ratten ist es schwedischen Forschern bereits gelungen, durchtrenntes Rückenmark so zusammenzufügen, dass die Tiere ihre Beine wieder bewegen konnten.

Renaissance des Elektroschocks

Falls Sie glauben, die Elektrokrampftherapie bei Psychiatriepatienten gehöre der Vergangenheit an, irren Sie sich. Allein in den USA werden täglich mehr als 100 000 Patienten mit Elektroschocks behandelt. Diese Therapie wird z.B. bei schwer depressiven Patienten angewandt, die auf andere therapeutische Maßnahmen nicht ansprechen.

XXXV

DIE WIRKUNG DES FERNSEHENS AUF DAS GEHIRN

Exzessiver Fernsehkonsum verformt das kindliche Gehirn. Das jedenfalls haben Wissenschaftler herausgefunden.

Kinderärzte und Kinderpsychologen sind sehr besorgt über diese Entwicklung. Die subtilen Wirkungen ausgiebigen Fernsehens können nämlich die Lernfähigkeit des Kindes beeinträchtigen. Zu viel Fernsehen, so meinen die Experten, könnte Zeit fressen, die das Kind für lebenswichtige Aktivitäten wie Denken, Überlegen, Lesen, Konversation, kreatives Spielen und Interaktion mit anderen Menschen braucht. Die Warnung ist deutlich: Fernsehen ist fürs Lernen so schlecht wie Junk Food für die Gesundheit.

Wie entsteht das Fernseh-Gehirn? Die amerikanische Lernpsychologin Jane Healy behauptet, das wachsende Gehirn des Kindes könne ebenso durch das Fernsehen geformt werden wie durch andere wiederholte Reize. Sie geht davon aus, dass das sich entwickelnde Gehirn mit der Umgebung interagiert und dabei bestimmt, welche synaptischen Verbindungen verstärkt und erhalten werden und welche geschwächt werden oder ganz untergehen.

Fernsehprogramme manipulieren das Gehirn künstlich, die Aufmerksamkeit häufigen visuellen und akustischen Veränderungen zuzuwenden. Healy behauptet, Fernsehprogramme und Werbung, auch die spezielle Werbung für Kinder, seien so angelegt, dass das Gehirn unwillkürlich auf Zooms, Kameraschwenks, laute Geräusche und grelle Farben reagiert und in einem unnatürlichen Wachzustand gehalten wird – aber mehr auf einem passiven Reaktionsniveau.

Die kumulierende Wirkung dieser Manipulation durch Fernsehen erzeugt das Fernseh-Gehirn – ein Gehirn, das auf Fernsehen dressiert ist und auf wenig anderes anspringt.

Das Fernseh-Gehirn entsteht praktisch wie Blindheit durch »träge« Augen. Bei Kindern behandelt man eine Schwachsichtigkeit durch Schielen (Schielamblyopie), indem man das gute Auge abdeckt und dadurch das Schielauge zwingt, normales Sehen zu trainieren. Unbehandelt würde das funktionstüchtige Auge die Sehfunktion vollständig übernehmen, und das Gehirn würde das träge Auge schließlich als nutzlos ignorieren.

Die neurologischen Grundlagen für Leseverständnis, analytisches Denken, richtigen Gebrauch der Syntax, Daueraufmerksamkeit und Problemlösen hängen von bestimmten Alltagserfahrungen ab. Da die Plastizität des Gehirns offenbar bis in die Adoleszenz erhalten bleibt, müssen wir auf die Qualität der Stimulation achten, die jungen Menschen in unserem schnelllebigen Medienzeitalter geboten wird.

Healy bestätigt, dass zu viel Fernsehkonsum den Aufmerksamkeitsumfang von Kindern verringern kann. Versuche, in denen Kinder temporeiche Programme ansahen und anschließend Aufgaben lösen sollten, z.B. lesen oder komplizierte Puzzles zusammenlegen, zeigten ein reduziertes Problemlösungsvermögen. Die Ausdauer beim Lösen von Problemen, das Planen, das Ordnen von Ideen und das Leseverständnis werden auf die Dauer beeinträchtigt.

Außerdem hat sich herausgestellt, dass zum Fernsehen kein aktives Problemlösen und kein sprachliches Ausdrucksvermögen erforderlich sind. Die Wirkungen dieses passiven Mediums werden am deutlichsten bei der Sprachentwicklung. Fernsehen vermittelt zwar ein gewisses Vokabular und Wissen, es fördert aber nicht Fertigkeiten wie Syntax, Sprechen und Schreiben oder die Fähigkeit, erworbene Wissensfragmente zu ordnen.

Healy warnt auch, dass Fernsehen hypnotische und womöglich neurologisch suchtfördernde Wirkung haben kann. Fernsehen kann die Frequenz der elektrischen Potenziale im Gehirn verändern und die aktive psychische Verarbeitung blockieren, indem es ein Vorherrschen des langsamen α-Rhythmus bewirkt, der mit einem Mangel an geistiger Aktivität einhergeht. Bisher wurde noch nicht untersucht, ob Dauerfernsehen unvermeidlich die Hirnwellenmuster verändert, doch wir wissen, dass sich α-Rhythmen durch Üben verändern lassen. Je länger außerdem ferngesehen wird, desto größer ist die Wahrscheinlichkeit, dass diese Gewohnheit beibehalten wird. Wenn Kinder also während einer Sendung vor der Glotze hängen, ist es wahrscheinlicher, dass sie auch am Bildschirm bleiben, wenn ein Werbespot dazwischengeblendet wird.

Falls Healy und andere Recht haben, dann können sie auch folgende zunehmend häufiger von Lehrern gemachte Beobachtung erklären: Verglichen mit früheren Schülergenerationen können die Schüler heute nicht so gut denken. Anscheinend ist ihre Aufmerksamkeitsdauer verkürzt, die Fähigkeit, sich mit einem Problem auseinander zu setzen, verringert, das Sprachverständnis reduziert und damit die Wortgewandtheit eingeschränkt – und die Fähigkeit, aufmerksam zuzuhören, ist viel geringer. Gleichzeitig haben Fernseh- und Videokonsum und die Beschäftigung mit Videospielen rasant zugenommen.

Mit fünf Jahren, auf dem Höhepunkt der empfindlichen Phase des Gehirns für kognitive und sprachliche Entwicklung, schauen Kinder z.B. in Australien durchschnittlich 28 Stunden in der Woche Fernsehen und Videos. Grundschulkinder sehen etwa 25 Stunden, Oberschüler 28 Stunden fern.

Obschon in vielen Punkten uneins, sind Healy und viele Kollegen überzeugt, dass größerer Fernsehkonsum das Denkvermögen verschlechtert. Sie betonen, dass das fernsehsüchtige Gehirn sich bereits in der frühen Kindheit entwickelt. Will man dieser Entwicklung gegensteuern, muss man also sehr früh damit beginnen.

Tierversuche stützen die Auffassung von Healy und Kollegen. Die Anatomin Marian Diamond behauptet, dass die Verkabelung des Gehirns durch verschiedene Arten der Stimulation beeinflusst wird. Diamond, die an Ratten forscht, hat nachgewiesen, dass ein Mangel an gesunder Stimulation das Wachstum der Gehirnrinde bei der Ratte hemmt.

Für ihre Experimente trennte Diamond eine Rattenfamilie: Eine Gruppe setzte sie in einen kargen Isolierkäfig und eine größere Gruppe in einen Käfig mit stimulierendem Spielzeug.

Bald stellte sich heraus, dass die Hirnrinde, die Nervenzellen und die Blutgefäße bei den stimulierten Ratten deutlich besser entwickelt waren.

Diamond sieht keine direkten Parallelen zwischen ihren Rattenversuchen und den Fernsehkindern. Sie berichtet, dass sie versuchte, den Käfig mit den isolierten Ratten dichter an den Käfig der stimulierten Ratten zu rücken, sodass Erstere zuschauen, aber nicht mitmachen konnten. Das Ergebnis: Die Hirnrinde der isolierten Ratten wurde nicht größer.

Wie können wir unsere Kinder davor schützen, ein Fernseh-Gehirn zu bekommen?

Eine Lösung des Problems ist, das Gerät auszuschalten. Healy schlägt eine andere Lösung vor: Die geistigen Gewohnheiten der Kinder ändern sich zumindest partiell durch Fernseh- und Videokonsum. Es bringt nichts, diese Änderungen zu beklagen und sich die gute alte Zeit ohne Glotze zurückzuwünschen. Die wachsenden Gehirne sind auch während der Schulzeit noch beeinflussbar, deshalb muss die Schule durch vernünftige Bildungsangebote auf die veränderten Bedürfnisse der Schüler eingehen. Dazu gehört auch die visuelle Alphabetisierung, die Sprache und aufmerksames Zuhören, geistiges Einordnen und analytisches Denken fördert.

Dieses Vorhaben verlangt einige Verhaltensänderungen von den Familien, aber auch wenn dies schwierig ist, sollten wir die Hoffnung nicht aufgeben. Der Erfolg wäre letztlich ein Sieg des Geistes über die Materie.

Sinken unterschwellige Informationen tatsächlich in unser Unterbewusstsein?

Kann Big Brother über das Fernsehen tatsächlich subliminale Informationen vermitteln? Können Werbeprofis uns manipulieren, blind die beworbenen Produkte zu kaufen? Nein, sagen Forscher von der Universität in Washington. Sie fanden heraus, dass Subliminals unsere Denkweise beeinflussen können, aber diese Botschaften sind so flüchtig, dass ein Einfluss auf unser Verhalten äußerst unwahrscheinlich ist. In einem Experiment sollten 481 Probanden rasch einfache Wörter klassifizieren, die auf einem Bildschirm erschienen, nachdem zuvor ein weiteres Wort unterschwellig eingeblendet worden war. Einige dieser unterschwellig präsentierten Wörter halfen den Probanden beim Einordnen der sichtbar gezeigten Wörter, andere nicht. Es stellte sich heraus, dass die subliminal eingeblendeten Wörter die korrekten Antworten nur während einer Zehntelsekunde beeinflussten. Von da an hatten die Probanden Wörter zuzuordnen und jeder Einfluss verschwand. Es war, als hätten sie das Wort nie gesehen. Die Wissenschaftler nennen dies ein »Antwortfenster«. Hinsichtlich subliminaler Informationen scheint dieses Fenster praktisch ganz geschlossen zu sein.

Feinabstimmung im Gehirn

Cerebrex ist die Kopfgeburt des japanischen Erfinders Yoshiro Nakamata. Jeden Morgen nimmt Nakamata 20 bis 30 Minuten auf seiner Erfindung Platz. Spezielle Kurzwellen werden dann durch seine Füße geleitet und bewirken, dass das Blut in seinen Kopf schießt. Dadurch gelangt mehr Sauerstoff in sein Gehirn und vermittelt ihm ein entspanntes, euphorisches Gefühl. Nachdem er sich gleichzeitig mit α-Wellen und dem sanft rieselnden Klang eines Baches verwöhnt hat, fühlt sich Nakamatas Gehirn angeblich, als wäre er nach achtstündigem Schlaf soeben aufgewacht. Das Cerebrex-Gerät soll Müdigkeit beseitigen, das Denken fördern, Alzheimerkrankheit verhindern, das Gedächtnis, die Kreativität und die sexuelle Potenz verbessern. In Japan ist das Gerät bereits erhältlich, man findet es in Büros und in Gehirntrainingszentren, wo meist mehrere Cerebrex-Sessel in Reih und Glied wie im Friseursalon oder im Kosmetikinstitut stehen.

LITERATUREMPFEHLUNGEN

Chertok, L.: *Hypnose. Theorie, Praxis und Technik,* Genf 1977.
Damasio, Antonio R.: *Descartes' Irrtum. Fühlen, Denken und das menschliche Gehirn,* 5. Aufl., München 2000.
Freud, Sigmund: *Die Traumdeutung,* Frankfurt a.M. 2002.
Ders.: *Zur Psychopathologie des Alltagslebens,* Frankfurt a.M. 2000.
Hales, Dianne, *Warum haben Frauen so kleine Füße? Wie die moderne Forschung die neue Weiblichkeit definiert,* Bergisch Gladbach 2001.
Harten, Rolf: *Normal und süchtig. Suchtprobleme in unserer Gesellschaft,* 8. Aufl., Geesthacht 1994.
Huxley, Aldous: *Die Pforten der Wahrnehmung. Himmel und Hölle. Erfahrungen mit Drogen,* 22. Aufl., München 2001.
Ders.: *Die Teufel von Loudun,* München 1983.
Ders.: *Schöne neue Welt,* 11. Aufl., Frankfurt a.M. 2001.
Juan, Stephen: *Schmetterlinge im Bauch und andere anatomische Wunder,* Bergisch Gladbach 2002.
Lôo, Henri/Gallarda, Thierry: *Depressionen,* Bergisch Gladbach 2000.
Morgenstern, Christian: *Alle Galgenlieder,* Nachdruck der Ausgabe von 1932, Zürich 1987.
Robert, Jacques-Michel: *Das Gehirn,* Bergisch Gladbach 1998.
Ders.: *Nervenkitzel. Den grauen Zellen auf der Spur,* Reinbek 1997.
Rose, Steven: *Gehirn, Gedächtnis und Bewußtsein. Eine Reise zum Mittelpunkt des Menschseins,* Bergisch Gladbach 2000.
Sacks, Oliver: *Der Mann, der seine Frau mit einem Hut verwechselte,* Reinbek 1990.
Ders.: *Die Insel der Farbenblinden,* Reinbek 1998.
Shorter, Edward: *Geschichte der Psychiatrie,* Berlin 1999.
Solomon, Andrew: *Saturns Schatten. Die dunklen Welten der Depression,* Frankfurt a.M. 2001.
Suter, Martin: *Small World,* Zürich 1999.
Thorvall, Kerstin: *Kleide den Himmel in Dunkel,* Frankfurt a.M. 2001.

»Das faszinierende Buch ist eine äußerst geschickte Kombination aus Forschungsbericht, Autobiographie und medizinischem Ratgeber.«

Die Welt

Wir verschlafen etwa ein Drittel unseres Lebens und wissen eigentlich nicht genau, was wir da tun. Doch nichts beeinflusst unser Leben so sehr wie – guter oder schlechter – Schlaf.
William C. Dement, einer der angesehensten internationalen Schlafforscher, hat mit diesem Buch über die faszinierende Welt des Schlafes ein Standardwerk, einen Ratgeber und eine spannende Lektüre zugleich geschaffen.

»Jedem, der sich mit diesem Phänomen beschäftigen möchte, ist dieses Buch zu empfehlen.« AOK: intro

ISBN 3-404-60500-4

BASTEI LÜBBE

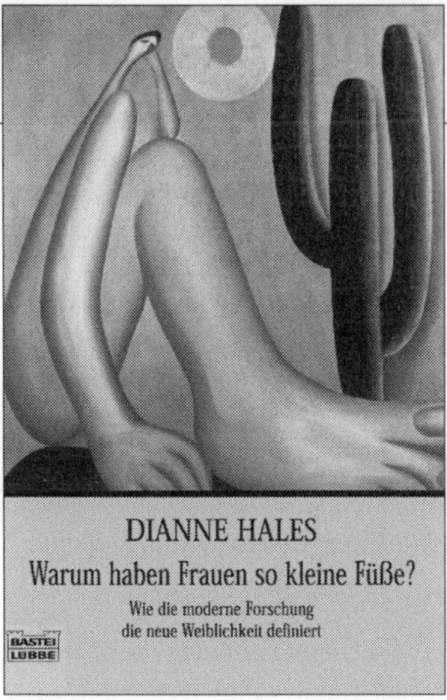

Die Antwort lautet nicht:
Damit sie näher am Herd stehen können!

Dass Frauen anders sind als Männer, weiß jeder. Physisch, psychisch – und überhaupt. Zahlreiche Anekdoten aus dem persönlichen Erfahrungsschatz, Mythen, Witze und mehr oder weniger gesicherte »wissenschaftliche Erkenntnisse« zeugen davon. Seit Jahrhunderten beschäftigen sich Mediziner und Psychologen, Historiker, Soziologen und Schriftsteller mit diesem Phänomen, versuchen zu sagen, wie Frauen sind – und scheitern.
Dianne Hales, eine der bekanntesten amerikanischen Gesundheitsjournalistinnen, verabschiedet sich von stereotypen Vorurteilen und bedient sich der neuesten Forschungsergebnisse, um den weiblichen Körper, die Psyche und die Sozialisation von Frauen zu erklären.

»Eine sehr feinsinnige Untersuchung ... aufmerksam beobachtet und überzeugend dargestellt.«
Time

ISBN 3-404-60494-6

BASTEI
LÜBBE

Paul Martin

KÖRPER-BEWUSSTSEIN

Die moderne Medizin und das Zusammenspiel von Körper, Geist und Seele

Die Wechselwirkung von Psyche und Körper ist nicht nur alten Kulturen von jeher bekannt. Auch die hohe Literatur bringt sie zum Ausdruck, und sogar die moderne Medizin am Anfang des 21. Jhs. erkennt mittlerweile an, dass die mentale Verfassung des Menschen massive Auswirkungen auf sein Denken, Verhalten und seinen Gesundheitszustand hat.
Paul Martin erklärt in bewundernswerter Klarheit die biologischen Verbindungen, dic zwischen Psyche und Körper existieren; Verbindungen, die über Jahrtausende hinweg im Laufe der Evolution ausgebildet wurden; Verbindungen, die – wenn sie angegriffen oder gar ganz zerstört werden – die Ursache vieler Krankheiten sein können.
Die neuesten wissenschaftlichen Erkenntnisse zu dem alten Rätsel der Beziehung von Körper, Geist und Gesundheit – ein Meilenstein der Popular Science.

ISBN 3-404-60468-7

BASTEI LÜBBE